태평양 바다 속에 우리 땅이 있다고?

심해의 보물, 해저 광물을 찾아라
태평양 바다 속에 우리 땅이 있다고?

지은이 김기현·지상범 외

2007년 2월 26일 초판 2쇄 발행
2006년 2월 15일 초판 1쇄 발행

펴낸이 이원중 책임편집 김선정 삽화 길혜림 표지디자인 임소영 본문디자인 이유나
종이 대림지업 출력 경운출력 인쇄 상지사 제본 상지사 라미네이팅 영민사

펴낸곳 지성사 출판등록일 1993년 12월 9일 등록번호 제10-916호
주소 (121-829) 서울시 마포구 상수동 337-4 전화 (02) 335-5494 팩스 (02) 335-5496
홈페이지 www.jisungsa.co.kr 이메일 jisungsa@hanmail.net
편집주간 김선정 지성사 편집팀 이지혜, 조현경 민연 편집팀 여미숙
디자인팀 임소영, 이유나 영업팀 권장규

ISBN 978-89-7889-132-5 (03450)

잘못된 책은 바꾸어드립니다. 책값은 뒤표지에 있습니다.

심해의 보물, 해저 광물을 찾아라

태평양 바다 속에 우리 땅이 있다고?

김기현·지상범 외 지음

지성사

머리말
새로 쓰는 바다 이야기

우리나라는 다른 나라들에 비해 땅은 작지만 비교적 긴 해안선과 넓은 바다, 그리고 다양한 해양 환경을 가지고 있습니다. 그리고 그 바다로부터 수산자원, 광물자원, 에너지자원과 같은 다양한 자원을 얻고 있습니다.

그렇지만 우리나라의 영해(領海)는 다른 나라들과 비교하여 결코 넓은 것이 아닙니다. 또한 우리나라는 육지의 광물자원이 매우 부족하여 산업 발전에 필요한 광물자원을 대부분 외국에서 들여오고 있습니다.

이와 같이 부족한 광물자원을 확보하기 위해 해양수산부는 '심해저 광물자원 개발 사업'을 수행해 왔습니다. 그 결과 2002년에는 유엔의 국제해저기구로부터 태평양 공해(公海)상에 우리나라가 독점적으로 개발할 수 있는 광구를 소유하게 되었습니다. 이는 남한 면적의 약 4분의 3에 해당하는 7만 5천 제곱킬로미터나 되는 넓이로, 그곳은 구리, 니켈, 코발트, 망간 등의 금속을 함유하고 있는 '망간단괴'가 풍부한 지역입니다. 이로써 우리나라만이 개발할 수 있는 막대한 양의 해저 광물자원을 확보한 셈입니다.

또한 우리나라는 남서태평양 해저에서 '망간각'과 '해저 열수 광상' 개발 사업도 추진하고 있습니다. 망간각에는 코발트가 많이 들어 있고, 해저 열수 광상에는 아연, 구리, 금 등이 들어 있습니다. 이와 같이 다음 세대에 물려줄 우리나라의 새로운 해저 자원을 개발하고 확보하기 위한 노력들이 꾸준히 계속되고 있습니다.

이 책은 이러한 해저 광물자원의 중요성을 널리 알리기 위하여 출판되었습니다. 이 책을 읽는 동안 독자 여러분들은 바다와 바다 속 땅 이야기뿐만 아니라, 저 깊은 바다에서 어떻게 다양한 종류의 해저 광물자원이 만들어지는지 알게 될 것입니다. 또 바다를 연구하기 위한 우리의 노력들과, 해저 광물자원을 개발하기 위한 최근의 과학기술도 다루고 있습니다. 심해의 신비로운 생명체와 지구의 역사를 간직한 바다 이야기는 여러분을 흥미로운 해양과학의 세계로 안내할 것입니다.

이 책이 나오기까지 많은 분들의 노력이 있었습니다. 해양수산부는 사람들에게 심해저 자원 개발의 중요성을 알릴 수 있는 방법이 없을까 생각하던 중에 『태평양 바다 속에 우리 땅이 있다고?』란 책을 펴내기로 했습니다. 그래서 한국해양연구원을 중심으로 여러 분야의 과학자들과 전문가들이 모여 함께 글을 썼고, 출판을 맡은 지성사는 딱딱하고 어려운 이야기들을 독자들이 쉽게 이해할 수 있도록 꼼꼼하게 교정·교열을 보아 주었습니다. 또 과학책을 쓰신 경험이 많은 선생님 두 분과 자원 관련 전문가 한 분이 감수를 맡아 더 좋은 책이 되도록 애써 주셨습니다.

일선 교육 현장에서 이 책이 해양과학 교육의 참고도서로 이용되어 많은 학생들이 깊은 바다에 관한 지식을 넓히고 꿈을 키워 가길 바랍니다. 그리고 머지않아 해저 광물자원이 개발되어 우리나라 산업 발전에 큰 도움이 되기를 희망합니다.

해저 자원 개발에 도움을 주기 위하여 한국해양연구원을 중심으로 해양수산부와 정부 출연 연구원, 민간 기업들로 구성된 '심해저자원개발협의회'에서는 홈페이지를 운영하고 있습니다. 이 책의 내용과 관련된 궁금증은 심해저자원개발협의회 홈페이지(www.kadom.or.kr)의 참여마당에 문의하면 상세한 답변을 받으실 수 있습니다. 독자 여러분의 많은 참여를 기다립니다.

2006년 1월

저자 일동

차례

머리말 _ 새로 쓰는 바다 이야기 · 4

제1부 미지의 보물 창고, 바다

바다와 바다 속 땅 이야기 · 14
바다는 언제, 어떻게 만들어졌을까?
바다, 얼마나 크고 얼마나 깊을까?
깊은 바다 속 땅은 어떻게 생겼을까?
해양 시대를 열다

태평양 바다 속에 우리 땅이 있다고? · 24
심해저 탐험은 왜 할까?
태평양 바다 속의 대한민국 땅

제2부 심해의 보물을 찾아라
심해저 광물자원에는 어떤 것이 있을까?

심해의 검은 황금 망간단괴 · 34
망간단괴가 뭘까?
망간단괴의 탄생과 성장
망간단괴는 왜 중요할까?
해저 광물 개발, 우리나라는 어디까지 왔을까?

해저의 아스팔트, 망간각을 찾아라 · 44
망간각? 망간단괴?
바다 속의 아스팔트, 망간각
지구 환경의 블랙박스

마그마의 변신, 해저 열수 광상 · 54

바다 밑의 검은 굴뚝
해저 2만 리의 꿈, 열수 광상의 발견
해저 열수 광상은 어떻게 만들어질까?
해저 열수 광상 개발의 각축전
지구 진화의 수수께끼를 풀다

타는 얼음, 가스 하이드레이트 · 67

얼음이 탄다고?
가스 하이드레이트는 어떻게 만들어질까?
미래의 대체 에너지
미래의 청정 에너지

제3부 바다 속 보물 끌어올리기
심해저 광물을 개발하려면?

다시 쓰는 해저 2만 리 · 76

인간은 왜 잠수를 하게 되었나?
마침내 해양 탐사선을 타다
보물을 캐는 장비들
깊이에 대한 도전, 잠수정의 발달
무인 잠수정과 무인 탐사 로봇
푸들에서 해미래까지
공상과학소설이 아니라 자연과학소설 쓰기

바다 속 지도는 어떻게 만들까? · 97
바다의 깊이를 재기 위해 소리를 듣다
대륙 퍼즐 맞추기
해저 탐사의 혁명, 다중 빔 수심 측정 장비
우리나라의 수준은 얼마나?

어떻게 캘까? 로봇 집광기의 분리수거 · 108
빛이 없는 어둠의 세계, 해저 들판
로봇 집광기의 분리수거

심해 5천 미터에서 끌어올리기 · 115
공기와 물의 힘을 이용하면 어떨까?
1시간에 500톤, 노다지 끌어올리기

바다에서 육지까지, 미래를 나르다 · 122
파피루스 갈대배에서 초대형 화물선까지, 배의 역사
화물선에서 군함까지, 배의 종류
배 위에 지은 공장, 부유식 생산 설비
심해 광물자원 운반 작전

해저 광물의 연금술, 금속 만들기 · 136
구슬도 꿰어야 보배다
우리에게 남은 과제는?

제4부 심해, 그 신비의 세계 속으로
심해 생물과 심해 환경 탐험하기

판도라의 상자, 심해 생물의 비밀 · 148
판도라의 상자를 열면 무엇이 나올까?
심해 생물 관찰하기
심해 세계 탐험하기
심해의 오아시스, 열수 분출공의 발견

지구의 기억을 간직한 심해의 퇴적층 · 160
바람과 생물 잔해, 그리고 떠다니는 입자들
지구 역사의 수수께끼를 푸는 열쇠
우리나라 광구에는 어떤 퇴적물이 있을까?

깊은 바다 속, 물의 여행 · 168
1,600년의 시간 여행
물속의 먹이사슬
지구 원소의 표본실
물의 여행 따라가기

에필로그 _ 끝나지 않은 이야기
바다는 미래다 · 180

미지의 보물 창고, 바다

바다와 바다 속 땅 이야기

바다는 언제, 어떻게 만들어졌을까? 바다, 얼마나 크고 얼마나 깊을까? 깊은 바다 속 땅은 어떻게 생겼을까? 해양 시대를 열다

태평양 바다 속에 우리 땅이 있다고?

심해저 탐험은 왜 할까? 태평양 바다 속의 대한민국 땅

바다와 바다 속 땅 이야기

바다는 언제, 어떻게 탄생했으며, 바다 속은 어떻게 생겼을까? 그리고 저 깊은 바다 속에는 도대체 어떤 생명체가 살고 있을까?

바다에는 우리가 미처 깨닫고 있지 못한 엄청난 비밀이 숨겨져 있다. 바다는 지구상에 존재하는 모든 생물들의 탄생과 성장, 그리고 미래에 대한 수수께끼를 풀어 줄 중요한 열쇠를 쥐고 있으며, 또한 바다 속에 묻혀 있는 어마어마한 양의 광물자원은 전 세계적으로 문제가 되고 있는 자원 고갈 문제의 해결책으로 새롭게 떠오르고 있다. 따라서 바다를 이해하는 일은 호기심을 채우는 즐거운 일일 뿐만 아니라, 우리 인류의 미래를 더욱 윤택하게 하는 데도 중요한 밑거름이 될 것이다.

자, 이제부터 심해 광물자원이 숨어 있는 저 깊은 바다 속의 해저 산맥, 해저산, 그리고 해저 평원을 여행해 보자.

바다는 언제, 어떻게 만들어졌을까?

태양계에서 유일하게 생명체가 살고 있는 행성, 지구. 과학자들이 지구의 암석과 화석, 방사성 원소* 등을 연구한 결과 이 지구의 나이는 약 46억 년 정도라고 한다. 그렇다면 바다의 나이는 얼마나 될까?

46억 년 전 지구가 탄생한 이후, 원시 지구가 서서히 식어 가면서 지구 내부의 뜨거운 마그마에 녹아 있던 물이 화산 분출을 통해 증기로 변하였고, 이 증기가 엄청난 양의 가스와 함께 지표면 밖으로 쏟아져 나오게 되었다. 그리고 지구의 중력이 이 가스 물질들을 끌어당겨 눈에 보이지 않는 대기를 만들었다. 수증기를 포함한 이 최초의 대기는 냉각되고 응축되어 빗물로 쏟아졌다. 끊임없이 비가 내리면서 대홍수가 일어났고, 땅 위로 거친 물살이 굽이쳤다. 이러한 빗물이 지표면의 낮은 분지에 고이게 되면서 약 40억 년 전에 최초의 바다가 형성된 것이다.

하지만 처음의 바다는 지금의 모습과는 많이 달랐다. 원시 지구의 지표면에 내렸던 비는 섭씨 300도에 가까운 뜨거운 비였기 때문에 당시의 바다 역시 펄펄 끓고 있었을 것이다. 또한 지구 내

*방사성 원소 시간이 지남에 따라 붕괴하여 다른 원소로 바뀌는 원소. 암석의 나이를 재는 지질학적 시계로 널리 이용된다.

부에서 분출된 염소 가스는 수증기와 결합하여 묽은 염산 용액을 형성하였는데, 이 염산 용액이 지표면에 새로 형성된 화성암* 속의 나트륨과 결합하여 염화나트륨(소금)을 만들었다. 바닷물이 짠 것은 바로 이 때문이다.

바다, 얼마나 크고 얼마나 깊을까?

지구 전체 표면적 중 바다가 차지하는 비율은 얼마나 될까? 지구의 표면적은 5억 1,000만 제곱킬로미터, 바다의 표면적은 3억 6,100만 제곱킬로미터이니, 바다는 지구 표면적의 약 71퍼센트를 차지하는 셈이다. 우리가 살고 있는 육지가 차지하는 비율은 고작 29퍼센트 정도밖에 되지 않는 것이다.

이처럼 광활한 바다는 그 위치나 크기에 따라 여러 부분으로 나누어 구별할 수 있다. 보통 '큰 바다'를 가리켜 '대양(大洋)'이라 부르는데, 옛날부터 탐험가, 지리학자, 과학자 등은 이 큰 바다를 여러 개의 대양으로 나누었다. 태평양, 대서양, 인도양, 북극해, 남극해 등 다섯 대양으로 나누기도 하고, 여기서 남극해를 빼고 네 개로 나누기도 한다. 또 북태평양, 남태평양, 북대서양, 남대서양, 인도양, 북극해 등 여섯으로 나누기도 한다.

그중에서도 가장 큰 것이 바로 우리나라 동해가 속해 있는 태

*화성암 마그마가 냉각·응고되어 이루어진 암석

평양으로, 전체 바다의 약 반을 차지하고 있다고 한다. 그리고 태평양, 대서양, 인도양 등 대양을 제외한 나머지 작은 바다들이 지구 표면적의 약 6퍼센트 정도를 차지한다. 이 밖에도 육지 사이로 크게 파고 들어와 있는 바다를 '지중해', 대륙 가장자리에 있는 바다를 '연근해'라고 부른다.

또한 바다는 넓을 뿐만 아니라 매우 깊기도 하다. 육지의 평균 높이가 약 840미터인 것에 비해, 바다의 평균 깊이는 약 4,100미터나 된다. 그중 아주 깊은 곳은 6천 미터 이상 되는 곳도 있는데, 특히 7천 미터 이상 되는 곳을 '해구(海溝)'라고 한다.

깊은 바다 속 땅은 어떻게 생겼을까?

그럼 바다 밑바닥은 어떻게 생겼을까? 과학자들은 바다 속 지형에

그림1
바다 속에도 산과 계곡, 평야가 있다.

그림2
태평양의 바다 밑바닥을 마치 육지처럼 그려 본 그림. 오른쪽 붉은색으로 길게 이어진 부분이 해저 균열대로, 이 지역에서는 새로운 해저 지각이 계속 만들어지고 있다.

*연약권 지구 표면은 두께 수십 킬로미터 정도의 단단한 '암석권'이 덮고 있는데, 그 암석권의 바로 밑에 있는 약한 층을 '연약권'이라 한다.

*맨틀 지구 내부의 핵과 지각 사이에 있는 중간층으로, 철과 니켈로 이루어진 핵과 달리 주로 규산염 광물로 이루어져 있다. 이 맨틀의 상부에서 대류가 일어나 판을 움직이는 것으로 알려져 있다.

대한 호기심을 해결하기 위하여 해저의 깊이를 잰 후 이를 그림으로 그려 보았다. 그 결과 깊은 바다 속에도 육지와 마찬가지로 산과 계곡, 평야와 같은 다양한 지형이 존재한다는 놀라운 사실을 발견하게 되었다. 그렇다면 이렇게 다양한 지형은 어떻게 형성된 것일까?

다채로운 해저 지형의 생성을 살펴보기 위해선 먼저 '판(板) 구조론'과 '대륙 이동설'을 이해해야 한다. 과학자들은 지구의 껍데기(지각)를 여러 개의 '판'으로 나누었는데, 각각의 판들은 그 밑의 유동성을 가진 연약권* 위에서 움직인다는 사실을 발견하였다. 즉 상대적으로 가볍고 단단한 지각이 좀 더 무겁고 부드러운 맨틀*

위에 얹혀서 이들이 움직이는 대로 떠다니는 모습을 갖게 되는 것이다. 이렇듯 지각의 모습을 '판'의 구조로 설명하는 것을 '판 구조론'이라 하고, 이러한 판들의 움직임에 따라 대륙이 이동한다는 주장을 '대륙 이동설'이라 한다.

바다 속 거대한 해저 산맥, 해령

깊은 바다 밑바닥의 해저 지각은 지금도 조금씩 이동하고 있다. 그리고 새로운 지각이 형성되는 것도 바로 이 해저 지각의 이동과 관련된다.

바다 밑바닥 일부 지역에서는 지구 속 맨틀의 움직임에 의해 지각의 약한 부분이 갈라져 여러 개의 판으로 나누어지고, 갈라진 판들 사이의 벌어진 틈새로 맨틀 물질(마그마)이 솟아 나오게 된다. 이 마그마가 차가운 바닷물과 만나 냉각되어 암석(화성암)으로 굳어지면서 새로운 해저 지각이 형성되는 것이다. 이렇게 새로운 지각이 형성되는 지역을 '해령(海嶺)'이라 한다. 즉 해령은 화성암으로 이루어진 거대한 해저 산맥으로서, 높이가 무려 2~4천 미터, 총 연장 길이는 거의 6만 킬로미터에 이른다.

히말라야 산맥보다도 더 큰 이 거대한 해저 산맥의 중심부에는 깊은 골짜기가 있다. 산맥의 정상부를 둘로 갈라놓는 이 골짜기를 '열곡(裂谷)'이라고 하는데, 깊이가 무려 2천 미터를 넘는 곳도 있다고 한다.

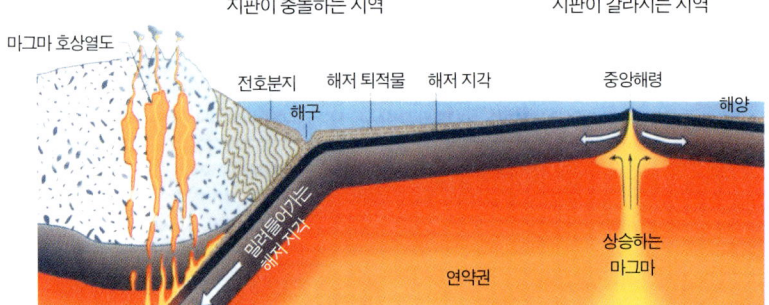

그림3
해저 지각의 생성과 소멸. 해저 균열대인 중앙해령에서 만들어지는 해저 지각은 매우 느린 속도로 조금씩 이동하고 있다. 이 해저 지각이 육지와 만나면 대륙 지각 밑으로 밀려들어가게 되고, 그 과정에서 해구가 형성된다.

바다 속 깊은 골짜기, 해구 | 바다의 지각과 육지의 지각이 충돌하면서 생긴 좁고 깊은 골짜기가 바로 '해구'이다. 해구는 바다 속에서 가장 깊은 곳인데, 길게 휘어진 해구는 그 총 연장 길이가 수만 킬로미터, 깊이는 무려 8~10킬로미터에 이른다. 그럼 이러한 해구는 어떻게 생겨났을까?

바다 속 해령에서는 끊임없이 새로운 해저 지각이 만들어지고 있고, 그 결과 해저 지각은 1년에 수 센티미터씩 육지 쪽으로 밀려난다. 이렇게 조금씩 이동한 해저 지각은 우리가 살고 있는 육상의 대륙 지각과 충돌하게 되는데, 이때 가벼운 대륙 지각 밑으로 무거운 해저 지각이 수렴되는 현상이 발생한다. 즉 두 지각이 부딪히면서, 밀도가 높은 해양판(해저 지각)의 앞 끝이 밀도가 낮은 대륙판(대륙 지각) 밑으로 구부러져 밀려들어가는 것이다. 그리고 이렇게 하나의 판이 다른 하나의 판 밑으로 들어가는 지점에서 좁고 깊은 골짜기, 즉 해구가 형성되는 것이다.

지구 내부로 밀려들어간 해양판은 맨틀의 뜨겁고 물렁물렁한 암석층에 흡수되고, 이 과정에서 주변의 물질(예를 들어 대륙 지각)과 마찰이 일어나 지진이 흔히 발생하게 된다. 이렇게 해저 지각이 소멸되는 지역은 태평양의 가장자리를 따라 발달하고 있는데, 이들 지역에서 지진과 화산 활동이 활발하게 일어나므로 이를 '환태평양 화산대'라고 하며 일명 '불의 고리'라고도 부른다.

해저 지각의 나이 | 그렇다면 해저 지각의 나이는 어떻게 될까? 북아메리카 대륙 해안에 자리 잡고 있는 동태평양 해령은 남북아메리카 대륙을 밀면서 대륙으로부터 점점 멀어지고 있다. 과학자들이 태평양 바다 밑 해양판의 나이를 측정한 결과, 태평양을 이루고 있는 해저 지각은 일본 해구 부근에서 가장 나이가 많다는 사실을 알아냈다. 즉 지각의 나이는 새로운 판이 생성되는 해령 부근에서 가장 적고, 해령에서 멀어질수록 나이가 많아지며, 해양판이 소멸하는 해구 부근의 지각이 가장 나이가 많다는 것을 뜻한다.

깊은 바다 속에도 평평한 땅이 있다, 심해저 평원 | 깊은 바다 속, 해저 산맥의 중심부에서 멀어지면 경사가 완만한 평지가 나오는데 이를 '심해저 평원'이라 한다. 이 심해저 평원은 저탁류*에 의해 운

*저탁류 모래와 흙을 많이 함유한 고밀도의 흐름으로, 바다 밑바닥의 퇴적물이 지진 등에 의해 경사면을 따라 떨어질 때 보이는 현상이다. 즉 해저의 퇴적물이 한꺼번에 경사면을 따라 미끄러질 때 생기는 흐름.

반된 퇴적물이 넓은 범위로 퍼져 덮이면서 이루어진다. 즉 울퉁불퉁한 해저에 오랜 세월 동안 퇴적물이 쌓인 결과 평평하고 단조로운 지형이 된 것이다. 이곳은 지구상에서 가장 평평한 지형으로, 깊은 바다 전역에 걸쳐 형성된다.

심해저 평원에는 해저 구릉, 해저산, 기요(guyot) 등의 다양한 지형들이 존재한다. 심해저 평원이 형성되는 과정에서 높이 1천 미터 미만의 다소 낮은 완만한 언덕이 만들어지는데, 이것이 바로 '해저 구릉'이다. 반면에 높이가 1천 미터 이상 솟아 있으나 꼭대기가 해수면 위로 나타나지 않는 원뿔형 화산 봉우리를 가리켜 '해저산'이라고 한다. 간혹 이 해저 화산이 해수면 위로 솟아올라 섬을 형성하기도 하는데, 우리가 잘 아는 하와이 섬들이 그 대표적인 예이다. 또한 예전에는 꼭대기가 해수면 밖으로 나와 있었으나 파도에 의해 침식된 후 다시 낮아져 꼭대기가 평평해진 것을 '기요'라고 한다.

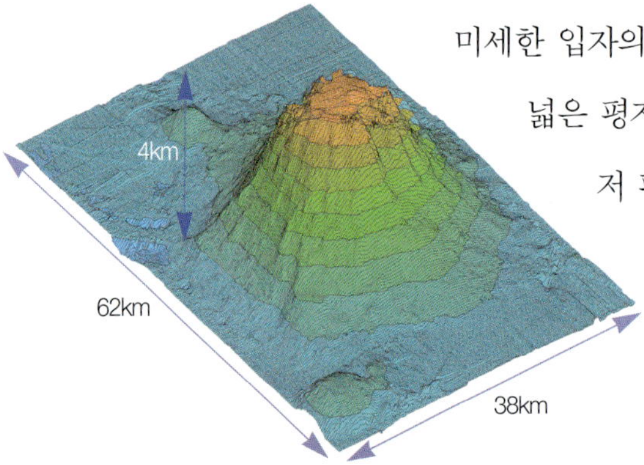

실제로 심해저 평원에는 억겁의 세월 동안 퇴적물이 쌓이면서 미세한 입자의 점토층이 스펀지처럼 두껍게 깔려 있고, 넓은 평지가 끝없이 펼쳐져 있다. 그리고 이 심해저 평원 위에는 100만 년에 2~6밀리미터 정도 자란다고 알려진 귀중한 자원 '망간단괴'들이 빼곡히 자라고 있다.

그림4
우리나라가 태평양 공해상에서 조사한 해저산의 3차원 지형도. 높이가 약 4킬로미터, 둘레가 115킬로미터인 대형 해저산이다. 한라산보다 두 배나 높은 산이 해저 평원에 존재한다니 놀랍지 않은가!

해양 시대를 열다

지금까지 바다가 어떻게 형성되었는지, 그리고 바다 속 땅은 어떤 모습인지 알아보았다. 바다는 신비롭고도 경이로운, 그리고 흥미로운 장소이다. 태고의 신비를 간직한 바다는 지금 이 순간에도 끊임없이 움직이며 운동한다.

이제 우리는 '해양 시대'의 길로 접어들었다. 인류에게 바다는 단지 보고 즐기는 관광의 대상에 머무르지 않고, 좀 더 심오하고도 귀중한 가치를 지닌 중요한 장소로 인식되고 있다. 이에 따라 세계 각국에서는 바다를 연구하는 데 경쟁적으로 참여하고 있다. 따라서 바다를 더욱 깊이 이해하고 나아가 미래의 해양 강국으로 발돋움하기 위해서는, 끊임없는 호기심과 열정으로 바다 속 세계를 탐구하는 데 게을리 하지 말아야 할 것이다.

태평양 바다 속에 우리 땅이 있다고?

바다는 깊다. 육지 전체를 가지고 바다를 메운다 하더라도 3천 미터나 남을 만큼 바다는 깊다.* 그렇다면 우리는 그 광대하고도 심오한 바다를 왜 탐험하려고 하는 것일까?

심해저 탐험은 왜 할까?

바다는 인류에게 필요한 물질의 대부분을 품고 있다. 또한 그 양이 실로 천문학적인 숫자에 이르는 어마어마한 양이다. 1리터의 바닷물에는 35그램의 염분이 녹아 있으니, 전체 바닷물 속에는 3.6×10^{16}톤이라는 어마어마한 양의 염분이 보존되어 있는 것이

*바다 속에서 가장 깊은 곳은 어디일까? 지금까지 찾아낸 바다의 최대 깊이는 태평양의 마리아나 해구에 있는 챌린저 해연으로, 깊이가 무려 11,022미터에 이른다.

다. 이 밖에도 바닷물에는 금, 백금, 우라늄, 몰리브덴, 리튬 등 막대한 양의 유용한 원소들이 녹아 있다.

바닷물뿐만이 아니다. 바다 밑바닥에도 광물자원은 곳곳에 존재한다. 이 해저 광물은 깊이에 따라 그 종류와 분포가 다양한데, 수심이 비교적 얕은 곳과 대륙붕* 지역에는 다이아몬드, 금, 백금, 주석, 중석, 석탄, 인광석, 석회석, 석유, 천연가스 등이 매장되어 있다.

그리고 수심 2~5천 미터의 심해저*에는 망간단괴와 망간각이 풍부하게 분포하고 있는데, 이 속에는 철, 코발트, 니켈, 구리 등이 함유되어 있어서 세계 각국에서 이를 개발하려는 연구에 참여하고 있다. 특히 1978년 해저의 지각 확장대에서 맨틀 물질이 열수 분출공*을 통해 솟아나고 있다는 사실을 발견함에 따라 심해저 광물자원의 새로운 역사가 시작되었다.

아주 오래 전부터 심해저에서는 섭씨 350도의 뜨거운 물질이 계속 솟아오르고 있었는데, 이것이 바로 구리, 납, 은, 아연, 카드뮴 같은 금속이 포함된 광물을 형성하는 직접적인 원인으로 밝혀진 것이다. 과학자들은 지각 활동이 진행 중인 열수 분출공 주변에 유황 성분을 포함하는 광물이 분포하고 있으며, 이러한 현상은 지하 수 킬로미터까지 연장되고 있음을 확인하였다. 열수 분출공에 의해 생성된 금속 덩어리는 원뿔형의 굴뚝 모양을 하고 있는데, 그 높이가 30미터 이상 되는 것도 발견되었다.

*대륙붕 깊이 약 200미터까지의 경사가 완만한 얕은 해저

*심해저 수심 2천 미터 이상의 깊은 해저

*열수 분출공 심해의 지각 밑에서 마그마로 데워진 바닷물이 분출하는 곳

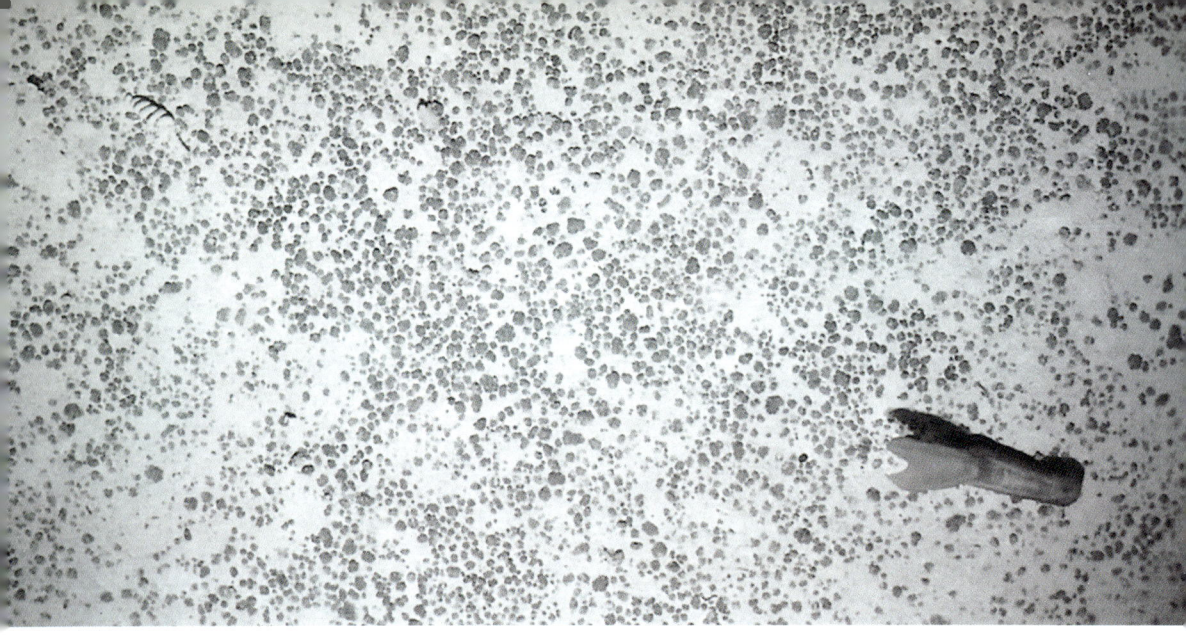

그림1
해저 망간단괴. 100만 년에 1~10밀리미터 정도 자란다고 알려진 귀중한 자원이다.

 미국의 미래학자 앨빈 토플러는 그의 저서 『제3의 물결』에서 다음과 같이 예견한 바 있다. 농경 기술의 보급에 따른 제1의 물결, 산업혁명과 기술 혁신에 의한 제2의 물결에 이어, 앞으로는 전자공학, 우주공학, 컴퓨터산업 등 첨단 기술에 의해 사회가 움직이는 제3의 물결이 올 것이라는 것이다.
 광물자원의 개발과 이용은 이와 같은 산업 발전의 진행에 따라 달라진다. 19세기까지는 석탄, 철 등의 광물자원을 이용한 산업혁명의 시대였고, 20세기의 중화학공업과 기계산업 시대에는 석유, 구리, 니켈 등이 주요 광물로 각광받았다. 그러나 이제 우리는 21세기 제3의 물결 시대에 접어들었다. 정보와 지식을 중요시하는 첨단 기술 혁명 시대에 살게 된 것이다. 이러한 정보화 시대에는 첨단 산업의 원자재가 되는 코발트, 니켈, 망간 등과 같은 희소 금속의 필요성이 커질 것으로 예상된다. 그러나 인류는 희소 금속의 중요성을 인식하면서 동시에 육지에 매장된 이들 자원 대부분이 불과 100년 이내에 고갈될 수 있다는 사실도 자각하게 되었다.

하지만 이러한 문제는 해양과학 기술의 급속한 발전에서 그 해결책을 찾을 수 있다. 해양과학 기술이 발전함에 따라 바다 속의 막대한 광물자원의 개발이 가능해진 것이다. 특히 개발 가치가 큰 금속 광물을 풍부히 함유하고 있는 해저 망간단괴와 망간각은 자원 고갈 문제를 해결하기 위한 돌파구가 될 것이다. 이처럼 바다는 인류의 더 나은 생존을 위한 개발 영역으로서도 가치와 의의를 지닌다.

심해저 광물자원을 개발하는 것은 산업의 원동력이 되는 금속 자원을 오랫동안 안정적으로 공급하려는 데 그 목표가 있다. 구체적으로 살펴보면, 우선 망간단괴를 제련하여 니켈, 구리, 코발트 등 산업에 필수적인 원자재를 생산할 수 있다. 둘째, 수심 3천 미터 이상의 심해저에서 망간단괴를 개발할 수 있는 기술 자체가 자산이 될 수 있다. 즉 인류가 도전할 수 있는 최첨단의 해양과학 기술을 확보할 수 있는 것이다. 셋째, 해양 자원의 개발은 이와 연관되는 조선공업, 기계공업, 전자공업, 로봇산업, 통신산업 등의 기술을 이용하므로 이들 산업을 발달시키는 효과도 얻을 수 있다.

심해저 광물자원을 개발하기 위해서는 수심 6천 미터 정도까

그림2
심해저의 열수 분출공. 섭씨 350도의 뜨거운 물질이 솟아오르고 있다.

지 잠수할 수 있는 잠수정 등 최신식 해양 탐사 장비가 필요하다. 또한 심해저 암반 굴착과 같은 고도의 기술도 필요하다. 따라서 심해저 광물자원을 우리의 것으로 만들기 위해서는 이러한 장비에 대한 연구와 정밀한 탐사 기술이 뒷받침되어야 한다.

태평양 바다 속의 대한민국 땅

우리나라는 광물자원이 매우 빈약하기 때문에 산업에 필요한 철, 구리 등의 금속을 거의 모두 외국에서 수입하고 있다. 더구나 최근에는 그나마 생산되는 광물자원의 양마저 점차 줄어들고 금속 가격까지 크게 오르고 있어, 광물자원을 안정적으로 공급하는 데 어려움을 겪고 있다. 그러므로 태평양 해저에 널려 있는 망간단괴의 개발은 필수적이다. 그러나 우리나라의 주권이 미치지 않는 공해(公海)*에서 함부로 망간단괴를 개발할 수는 없다.

국제기구인 유엔은 심해저의 광물자원을 '인류 공동의 유산 자원(Common Heritage of Mankind)'으로 선언하고, 이를 위해 유엔 해양법 협약을 제정하였다. 즉 어느 특정 국가의 독점적인 개발을 막고, 자원을 개발할 경우에는 전 인류의 복지 증진을 위해 개발 이익을 관리하도록 한 것이다. 이 유엔 해양법은 심해저 광물자원을 질서 있게 개발하여, 개발도상국을 비롯한 세계 경제가 고르게 발전하도록 하는 데 목적이 있다.

미국과 유럽의 일부 선진 공업국들은 심해저 개발에 필요한 자본과 기술을 가지고 있지만, 대다수의 개발도상국들은 그렇지 못한 형편이다. 이러한 문제를 해결하기 위해, 심해저 망간단괴 개발을 원하는 나라(또는 회사)는 의무적으로 두 개의 광구*를 만들도록 하는 제도를 시행하고 있다. 이 중 하나는 유엔이 개발하여 개발도상국에게 도움이 되도록 하고, 나머지 하나는 개발을 원하는 나라(또는 회사)에 허락하는 것이다.

우리나라의 경우 한국해양연구원을 주축으로 1983년 태평양 심해 지역에서 처음으로 망간단괴 탐사를 시작하였으며, 1989년

*공해(公海) 국제법상 어느 나라의 영역에도 속하지 않는 해역

*광구 자원을 개발하기 위한 일정한 범위 내의 지역

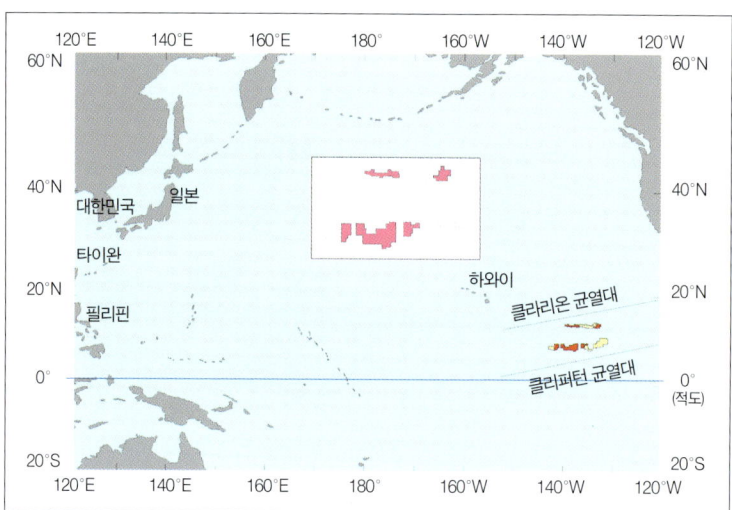

그림3
우리나라의 망간단괴 개발 광구. 광구의 넓이가 남한 땅의 4분의 3에 이르는, 태평양 공해상의 우리 땅이다.

부터 미국과 공동으로 태평양 망간단괴 밀집 분포 지역에서 탐사를 수행한 바 있다. 그리고 1992년부터는 우리나라 최초의 종합 해양 조사선 온누리호를 건조하여 태평양 클라리온-클리퍼턴 지역에서 심해 세계를 탐사하였고, 1994년에는 유엔에 망간단괴 개발 광구를 신청하여 15만 제곱킬로미터(남한 넓이의 1.5배)의 광구를 허가받았다. 그러나 유엔 해양법 협약에 따라 이 중 50퍼센트에 해당하는 7만 5천 제곱킬로미터를 8년간에 걸쳐서 반납하고, 드디어 2002년에 나머지 7만 5천 제곱킬로미터의 단독 개발 광구를 확보하였다. 즉 태평양 공해상의 망망대해에 남한의 4분의 3 정도 넓이의 우리 땅이 생긴 것이다.

이곳 광구에는 매년 수백만 톤씩 오랜 기간 개발할 수 있는 양의 망간단괴가 매장되어 있다. 우리나라에서는 망간단괴를 채취하기 위한 집광 기기와, 채취한 망간단괴를 5천 미터 해저에서 수면 위로 끌어올리는 양광 기기를 자체 개발하고 있다. 또 한편으로는 망간단괴에 포함되어 있는 망간, 니켈, 구리, 코발트를 경제적으로 제련할 수 있도록 제련 시스템에 관한 연구도 활발하게 진행 중이다. 현재 우리나라를 포함한 미국, 프랑스, 일본, 중국 등 여러 국가들은 이미 태평양의 클라리온-클리퍼턴 지역에 망간단괴 개발 광구를 확보하고 있으며, 성공적인 망간단괴 개발을 위해 기술 개발에 적극적으로 임하고 있다.

심해의 **보물**을 찾아라

심해저 광물자원에는 어떤 것이 있을까?

심해의 검은 황금 망간단괴
망간단괴가 뭘까? | 망간단괴의 탄생과 성장 | 망간단괴는 왜 중요할까? | 해저 광물 개발, 우리나라는 어디까지 왔을까?

해저의 아스팔트, 망간각을 찾아라
망간각? 망간단괴? | 바다 속의 아스팔트, 망간각 | 지구 환경의 블랙박스

마그마의 변신, 해저 열수 광상
바다 밑의 검은 굴뚝 | 해저 2만 리의 꿈, 열수 광상의 발견 | 해저 열수 광상은 어떻게 만들어질까? | 해저 열수 광상 개발의 각축전 | 지구 진화의 수수께끼를 풀다

타는 얼음, 가스 하이드레이트
얼음이 탄다고? | 가스 하이드레이트는 어떻게 만들어질까? | 미래의 대체 에너지 | 미래의 청정 에너지

심해의 검은 황금 망간단괴

21세기 첨단 기술 혁명 시대를 맞이한 지금, 세계는 머지않아 심각한 자원 문제에 부딪히게 될 것이다. 그래서 그 해결책의 하나로 심해저에 묻혀 있는 막대한 양의 광물자원을 개발하려는 계획을 구체화시키기에 이르렀다. 심해저 광물자원이란 일반적으로 수심 500~6,000미터 사이에 분포하는 광물자원을 말하며, 망간단괴, 망간각, 해저 열수 광상, 가스 하이드레이트 등이 여기에 속한다.

망간단괴가 뭘까?

망간단괴(manganese nodule)란, 바닷물에 녹아 있는 금속 성분이 평균 5천 미터 깊이의 심해저 퇴적물 위에 가라앉아 형성된 검은색 광물 덩어리로서 일명 '검은 황금'이라 불리기도 한다. 100만 년에 수 밀리미터 정도의 속도로 형성되는 매우 귀한 자원으로, 지름 3~10센티미터 정도의 감자 크기 형태로 심해저에 분포하고 있다.

망간단괴는 영국의 해양 탐사선 챌린저호가 세계 대양을 탐사* 하던 중 아프리카 북서부 대서양에 위치한 카나리아 제도의 페로 섬 남서쪽 300킬로미터 지점에서 처음 발견되었다. 그 후 망간단괴는 수십 년 동안 순수한 과학적 탐구심에서 연구되다가, 국제 지구물리 관측년 기간(1957~1958년)*에 광범위한 심해저 탐사를 실시한 결과, 이것이 전 대양 심해저에 다량 분포하고 있는 것이 밝혀졌다.

심해저 가운데 망간단괴가 많이 분포하고 있고 또 함유된 금속의 질이 좋은 지역은 하와이에서 동남쪽으로 1천 킬로미터 정도 떨어진 클라리온-클리퍼턴 해역이다. 지도상으로 보면 북위 6~16도, 서경 114~155도 사이에 위치하고 있다. 클라리온과 클리퍼턴은 북동태평양의 작은 섬 이름에서 유래된 균열대(Fracture zone)의 명칭인데, 이 두 균열대 사이의 지역을 통칭하여 C-C 지역이라고도 한다. C-C 지역의 수심은 4,500~5,600미터로 태평양 심해 지역 중에서도 비교적 평탄한 지형이며, 퇴적층의 두께는 평균 200미터 정도이다.

그림1
주먹 크기의 망간단괴는 약 1천만 년의 나이를 자랑한다.

*챌린저호의 세계 대양 탐사 챌린저호는 증기기관을 갖춘 목재 범선으로, 1872~1876년에 걸쳐 세계 해양 대탐험을 실시하였다. 이때의 탐사를 바탕으로 총 50권의 『챌린저 보고』가 출판되어 근대 해양학이 시작되었다.

*국제 지구물리 관측년 기간 세계 64개국이 참가하여 지구물리 현상을 공동으로 측정하였던 기간. 관측 항목은 기상, 지자기, 태양 활동, 빙하, 해양, 지진, 중력, 방사능 등 여러 분야에 걸쳤고, 지구 내부 구조 발견과 해양 측정 등 많은 성과를 거두었다.

이 지역은 적도 부근과는 달리 해양 생물이 별로 많지 않은 지역으로서, 이곳의 퇴적물은 주로 플랑크톤의 잔해, 그리고 육지에서 날아왔거나 이곳에서 형성된 점토가 대부분이다. 무엇보다도 이 지역은 망간단괴가 성장하기에 적합한 환경이라는 점에서 중요한 의미를 지니고 있다. 이곳을 흐르는 저층 해류에는 남극으로부터 흘러온 산소가 풍부하게 녹아 있어 산소 공급이 원활하다. 이 C-C 지역에는 약 124~540억 톤에 달하는 막대한 양의 망간단괴가 분포하고 있는 것으로 추정된다.

망간단괴의 탄생과 성장

망간단괴는 퇴적물이 매우 적게 흘러드는 지역에서 성장하는 특성이 있다. 따라서 대륙붕이나 대륙사면*과 같이 퇴적물이 많이 쌓이는 지역보다는 대부분 1천 년에 7밀리미터 이하로 퇴적물이 매우 적게 쌓이는 대양의 심해 분지에서 많이 나타난다.

*대륙사면 수심이 얕은 대륙붕에서 심해로 이어지는, 급경사를 가진 해저. 경사진 각도는 평균 4도 정도이며, 보통 아래쪽은 경사가 완만하다. 일반적으로 대륙붕이 끝나는 대륙붕단으로부터 약 2,500미터까지의 깊이를 말한다.

그림2
망간단괴에도 나이테가 있다? 망간단괴를 잘라 보면 핵을 중심으로 나이테 모양의 동심원 구조를 이루면서 성장했음을 알 수 있다.

　망간단괴는 보통 망간단괴의 파편, 돌멩이와 같은 퇴적물이나 상어 이빨 등을 가운데 핵으로 하여 마치 나무의 나이테처럼 동심원을 이루면서 성장한다. 방사능 연대 측정 결과에 의하면 100만 년에 1~10밀리미터, 또는 1천 년에 1제곱센티미터당 0.2~1밀리그램 정도 쌓인다고 한다. 따라서 망간단괴가 어른의 주먹 크기만큼 되기 위해서는 1천만 년 이상의 시간이 필요하다. 지구상에 유인원이 처음 등장했던 250만 년 전보다 훨씬 이전부터 형성된 망간단괴 하나에는 지구의 역사가 고스란히 담겨 있는 것이다.

　그럼 망간단괴는 어떻게 만들어지는 것일까? 그 생성 기원은 망간단괴의 구성 물질이나 입자의 유입 경로에 따라 크게 수성 기원, 속성 기원, 열수 기원, 화산 기원 등으로 나눌 수 있다.

　'수성(水性) 기원'은 바닷물로부터 망간단괴를 구성하는 물질들이 천천히 가라앉아 망간층이 형성된 것으로, 이때 물질의 침전*

*침전 액체 속에 녹아 있는 미세한 고체 물질이 액체 바닥에 가라앉아 쌓이는 일

그림3
심해저의 갈색 퇴적물에 반쯤 묻혀 있는 주먹 크기의 망간단괴들. 망간단괴 위로 퇴적물이 간간이 덮여 있는 것은 퇴적물 속에 사는 저서생물들이 구멍을 파내고 남은 흔적이다.

작용은 망간단괴 표면의 박테리아에 의해 촉진된다. 그리고 '속성(屬性) 기원'은 해저 퇴적물의 공극수*에 녹아 있는 망간 성분이 상부로 이동하여 침전되는 것이다. 보통 망간단괴에 포함된 주요 금속 성분 중 철과 코발트는 수성 기원을 통해, 그리고 망간, 니켈, 구리 등은 속성 기원을 통해 만들어진다고 한다.

그 밖에 '열수(熱水) 기원'은 해저 화산 활동으로 분출되는 열수 용액이 침전되어 형성되는 것이고, '화산(火山) 기원'은 화산 활동으로 생긴 작은 부스러기들이 침전되어 형성되는 것을 말한다. 그러나 열수 기원과 화산 기원은 화산 활동이 활발한 일부 지역에서만 나타나므로, 대양의 심해저 평원에 존재하는 망간단괴는 수성 기원과 속성 기원에 의해 성장한 것들이 대부분이다.

망간단괴가 퇴적물에 덮이지 않고 해저에 노출된 상태로 성장

*공극수 입자 사이의 틈(공극)을 채우고 있는 물

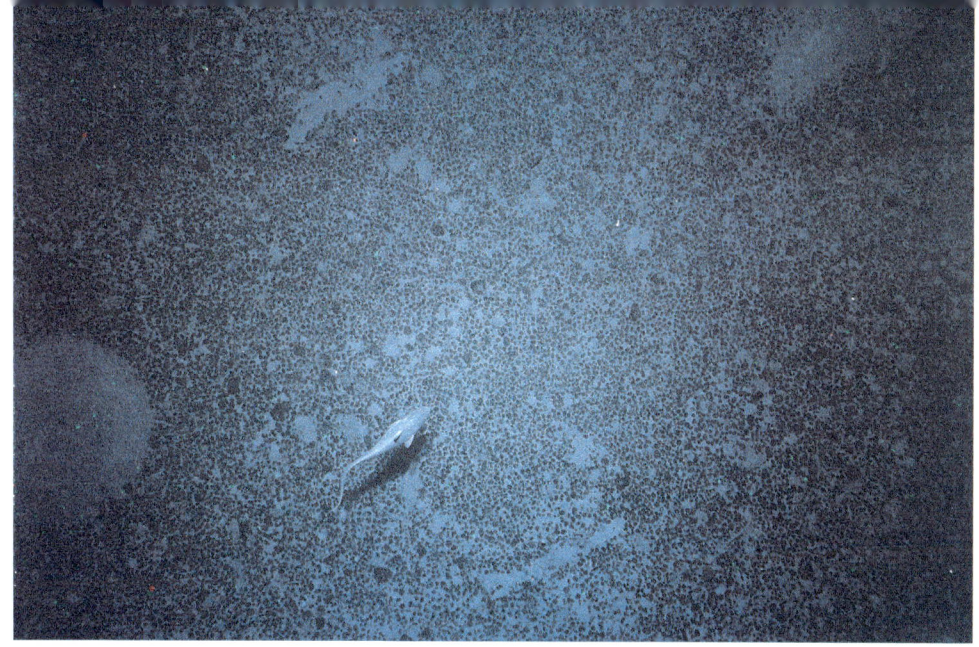

한 것은 자연이 인간에게 던진 수수께끼 가운데 하나이다. 수천, 수만 년이라는 오랜 세월 동안에도 퇴적물에 뒤덮이지 않았다는 것은 인간의 상식으로는 상상할 수 없는 일이기 때문이다. 그 이

그림4
해저 바닥의 5미터 위에서 심해저 카메라 시스템으로 촬영한 망간단괴와 심해어. 주로 5~8센티미터 크기의 망간단괴들이 1제곱미터당 평균 15킬로그램 정도 분포하고 있다. 심해어의 몸길이는 약 80센티미터이다.

그림5
속성 기원의 망간단괴 형성. 강한 저층 해류나 저서생물의 활동으로 퇴적층이 교란되는 과정에서, 유기물 주변의 망간 산화물 입자와 금속 이온들이 망간단괴 표면에 달라붙는다. 그래서 수성 기원과 달리 속성 기원 금속의 공급은 일시적이며 불규칙적으로 일어난다.

*저서생물 늪, 하천, 호수, 바다 등의 밑바닥에서 사는 생물

유나 원리는 아직 제대로 밝혀지지 않았지만, 현재까지 알려진 바로는 강한 저층 해류의 흐름이나 심해 생물 때문이 아닐까 추정하고 있다. 즉 심해 바닥의 퇴적층에서 먹이를 찾아 돌아다니는 저서생물*에 의해 망간단괴가 조금씩 이동하면서 퇴적물에 덮이지 않은 것으로 설명하고 있다.

망간단괴는 왜 중요할까?

망간단괴는 '해저의 검은 노다지'로 불릴 만큼, 유용한 금속 광물들을 다량 함유하고 있다. 이 중 망간, 니켈, 구리, 코발트는 많은 분야에서 핵심 소재로 사용되기 때문에 '망간단괴 4대 금속'이라

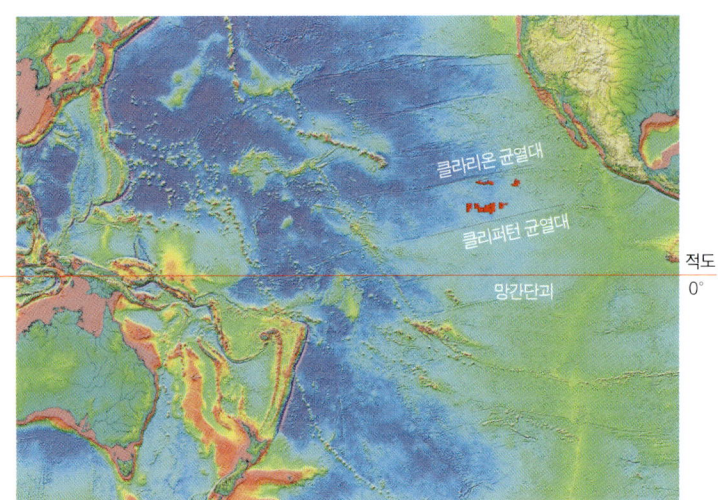

그림6
질 좋은 망간단괴가 많이 분포하고 있는 북동태평양 클라리온-클리퍼턴 균열대. 붉은색으로 표시된 지역이 우리나라의 심해저 광물자원 단독 개발 광구이다.

불린다.

그중 니켈은 화학·정유 시설 자재, 전기제품 소재, 자동차산업 소재 등으로 쓰이며, 구리는 전기 관련 산업과 엔진 제조, 건축 설비 등의 산업 소재로 이용된다. 또 코발트는 전기·통신산업, 항공기 엔진 등의 항공우주산업, 엔진이나 공구류, 첨단 의료기기 산업의 소재로 쓰이고 있다. 그리고 망간은 수송, 기계, 건축 등에 필요한 철강산업의 필수 소재로 쓰인다. 이처럼 이들 4대 금속은 21세기 첨단 산업뿐만 아니라 경제 전반에 걸쳐 중요한 기초 소재가 되는 전략 자원이다. 따라서 심해저 광물자원 개발의 필요성이 더욱 커지고 있다.

오늘날 육지에서 얻을 수 있는 대부분의 광물자원은 일부 국가들에 치우쳐 독점적으로 생산·이용되고 있으며, 수십 년 후에는 이것마저도 고갈될 것으로 예상된다. 따라서 이들 자원의 고갈과 그에 따른 수요 급증, 금속 가격 상승 등을 극복하기 위해서는 망간단괴를 개발하는 일에 심혈을 기울여야 한다.

해저 광물 개발, 우리나라는 어디까지 왔을까?

우리나라의 심해저 광물자원 개발 사업은 1992년부터 본격적으로 수행되었다. 이후 지속적으로 심해저 연구를 추진한 결과 2002

년에는 클라리온-클리퍼턴 해역에 7만 5천 제곱킬로미터의 단독 개발 광구를 확정하는 성과를 이루었다. 우리나라 땅 넓이에 버금가는 신천지가 태평양상에 별도로 존재하는 셈이다.

심해저 광물자원 개발 사업의 목표는 머지않아 이를 상업적으로 생산할 수 있도록 기반을 마련하는 것이다. 그래서 망간단괴 분포 지역의 개발 등급을 정하고 이를 채취하기에 가장 적당한 장소를 확보하기 위해 광구 정밀 탐사를 실시하고 있으며, 아울러 광물 채취가 환경에 미치는 영향을 평가하기 위한 환경 탐사도 하고 있다.

심해저 광물자원 개발은 국가의 백년대계를 설계하는 장기적인 과제이다. 중국, 러시아, 인도, 브라질 등 신흥 거대 국가들은 세계의 자원을 블랙홀처럼 빨아들이고 있고, 그 결과 언젠가는 자원 고갈 사태가 닥칠 것이 분명하다. 우리나라의 심해저 광물자원

그림7
유엔 국제해저기구로부터 받은 우리나라의 광구 등록증. 이는 세계에서 일곱 번째로 이루어 낸 성과이다.

그림8
우리나라 단독 개발 광구에서 채취한 망간단괴.

개발은 선진국보다 30년 정도 늦게 시작되었지만, 그동안 기술의 차이를 극복하기 위한 끊임없는 노력으로 일부 분야에서는 선진국이 기술 협력을 요청할 정도로 눈부신 성장을 하였다.

우리나라의 심해저 광물자원 개발은 여러 가지 중요한 의미를 갖는다. 첫째, 21세기 첨단 산업 국가로 도약하기 위한 원동력이 되는 핵심 전략 금속을 오랫동안 안정적으로 공급받을 수 있는 기반을 확보한다는 점이다. 그리고 두 번째는 해양과학 기술의 비약적인 발전과 관련 산업에 대한 기술 파급 효과이다.

이제 우리는 21세기 새로운 국제 해양 질서에 능동적으로 대처해야 하는 전환기에 서 있다. 이미 세계는 신(新)해양시대의 거친 파도에 휩쓸려 있기 때문이다.

해저의 아스팔트, 망간각을 찾아라

근대적인 해양 연구와 탐험은 19세기 말 영국 챌린저호의 항해 (1872~1876년)를 통해 본격적으로 시작되었다. 챌린저호 항해 결과, 해수면에서 심해까지 바닷물의 화학적 성질과 해류 분포, 해양 생물과 해저 퇴적물의 종류와 분포, 해저 지형, 기상과 지자기*의 변화 등 여러 가지 연구를 통해 근대 해양과학의 기초를 세우게 되었다.

망간단괴나 망간각과 같이 해저에서 만들어지는 철-망간 산화물에 대한 최초의 연구 역시 챌린저호 탐사에서 시작되었다. 그 유명한 찰스 다윈의 진화론의 배경이 되기도 한 이 탐사를 통하여 망간단괴와 망간각의 존재를 최초로 발견한 것이다.

*지자기 지구가 가진 자기장. 이로 인해 N극, S극을 갖게 됨.

망간각? 망간단괴?

망간각이란 수심 800~2,500미터의 해저산 경사면에 들러붙어 있는, 망간 위주의 부착물을 말한다. 망간단괴가 수심 4,500~6,000미터의 심해 평원에 분포하는 것과는 달리, 망간각은 수심 370미터 정도의 비교적 얕은 지역에서도 발견되었다. 그러나 초기에는 망간단괴와 망간각을 구분하지 못하고, 철과 망간이 많이 함유되어 있는 같은 종류의 물질로만 생각하였다.

해저에서 발견되는 철-망간 산화물의 특성과 형성 과정을 밝히는 연구는 제2차 세계대전 이후에 와서야 이루어지기 시작하였다. 특히 1970년대에 망간단괴에 대한 연구가 활발히 이루어지면서 망간각이 망간단괴와는 다른 종류임이 밝혀지게 되었다. 그동안 '해저산이나 해저 산맥 지역에 분포하는 망간단괴의 일종' 정도로만 알고 있던 망간각이, 함유된 금속의 양이나 분포 지역, 생성 환경과 과정 등에서 망간단괴와 다르다는 것으로 조사된 것이다.

본격적인 망간각 탐사는 1981년 독일에 의해 처음으로 이루어졌다. 하와이 남쪽에 위치한 라인 제도에서 시행된 이 탐사에서는 망간각이 자원으로서 개발 가능성이 있는지를 알아보기 위해 체계적인 조사를 하였다. 이후 독일, 미국, 일본 등이 수십 차례 탐사를 계속하면서 점차 망간각의 특성이 밝혀지게 되었다.

바다 속의 아스팔트, 망간각

망간각은 망간을 비롯하여 코발트, 니켈, 구리, 백금, 게르마늄, 티타늄, 몰리브덴, 토륨, 탈륨, 스트론튬 등 30여 가지의 광물 성분으로 이루어진 금속 덩어리이다. 망간각(manganese crust)이라는 이름은, 타원형 모양의 망간단괴와 달리 해저산 경사면에 아스팔트를 깔아 놓은 것처럼 형성되어 있는 모습이 마치 바닥을 덮고 있는 '껍질(각)'처럼 생겼다고 해서 붙은 이름이다. 그렇다면 도대체 이 망간각은 어떻게 만들어졌을까?

망간각의 형성 과정은 바닷물로부터 금속 원소가 직접 침전되어 만들어지는 '수성 기원'과, 해저 화산에서 분출하는 뜨거운 용액에 의해 만들어지는 '열수 기원'으로 나눌 수 있다. 특히 수성 기

그림1
망간각에 함유된 주요 금속의 함량과 용도.

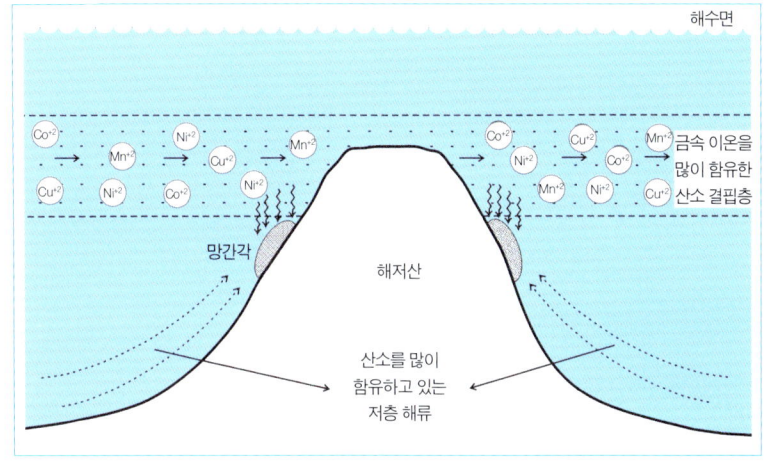

그림2
산소 결핍층에 함유된 금속 이온들이 해저산의 경사면을 따라 상승하는 저층 해류와 만나 산소와 결합한 뒤, 산화물의 형태로 침전되어 망간각을 형성한다.

원으로 형성된 망간각에는 코발트, 니켈, 구리, 망간, 백금 등 유용한 광물이 많이 함유되어 있는 것으로 밝혀지면서, 육지의 광물 자원을 대신할 유망한 해저 광물로 주목받게 되었다. 그럼 수성 기원의 망간각에 대해 좀 더 자세히 살펴보자.

망간각을 이루고 있는 금속은 대부분 바닷물로부터 그 구성 물질이 가라앉아 만들어진다. 이때 무거운 것은 먼저 가라앉고 가벼운 것은 나중에 가라앉게 되는데, 그 결과 바닷물이 함유하는 금속 성분들은 깊이에 따라 다른 분포를 보인다. 그리고 이러한 특성은 망간각의 분포와도 관련이 있다.

금속 성분의 분포 외에도 바닷물에 함유된 산소의 함량 역시 망간각의 분포와 밀접한 관계를 가진다. 산소 결핍층*에는 산소와 결합하여 가라앉지 못하고 이온 상태로 녹아 있는 금속 원소들이

*산소 결핍층 바닷물에 포함된 산소가 유기물에 의해 급격히 소모되어 산소 함량이 가장 낮게 나타나는 곳

많다. 이들 금속 이온들이 산소 결핍층을 따라 수평으로 이동하다 해저산을 지나게 되면, 해저산 아래로부터 위로 비스듬하게 상승하는 해류, 즉 산소를 풍부히 함유한 저층 해류와 만나게 된다. 이때 산소 결핍층 내에 있던 금속 이온들은 저층 해류에서 공급된 산소와 결합하여, 산화물 형태로 해저산 경사면 위에 가라앉는다. 이것이 바로 망간각이 만들어지는 과정이다.

산소 결핍층은 주로 수심 800~2,200미터에서 발달해 있으며, 일반적으로 산소 결핍층이 발달한 곳에서 형성된 망간각은 코발트 함량이 높은 것으로 조사되었다. 망간각은 대부분 1억 1천만 년 전 중생대 백악기에 만들어진 서태평양 지역 해저산들의 꼭대기 가장자리에 수 센티미터에서 수십 센티미터 두께로 형성되어 나타난다. 이들의 연대를 측정해 보면 수천만 년에 걸쳐 만들어진 것으로, 이것을 보면 망간각이 100만 년에 1~10밀리미터 두께(평균 6밀리미터)로 매우 느리게 성장한다는 사실을 알 수 있다.

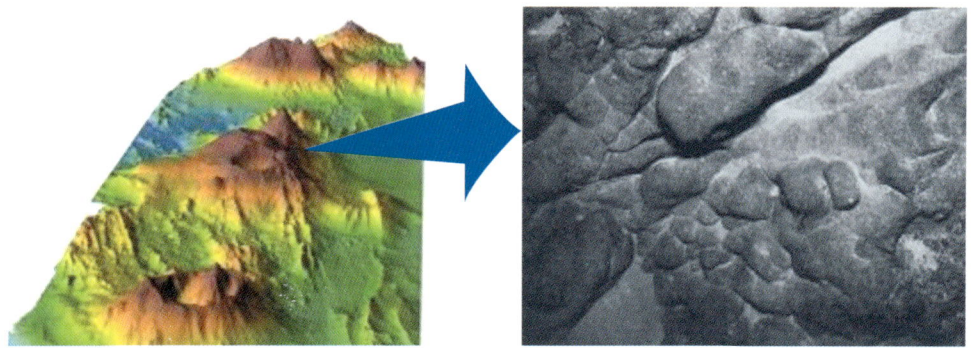

그림3
해저산 경사면의 암반 위를 덮고 있는 망간각.

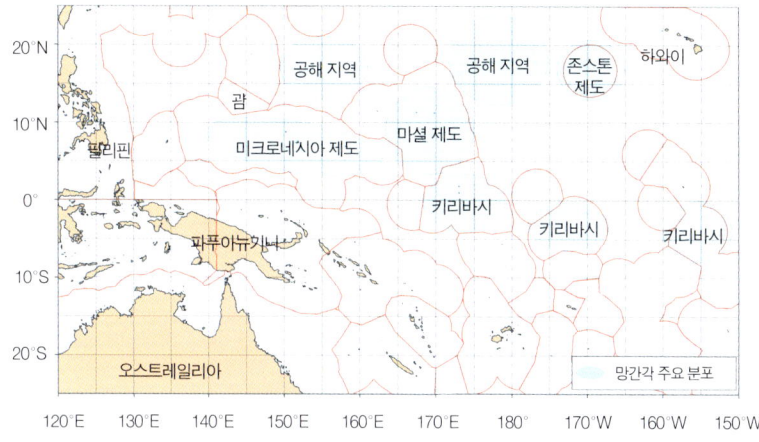

그림4
대규모 망간각 분포 지역.

　　망간각은 주로 해저산처럼 해저에서 돌출된 지역에 분포한다. 해저산은 태평양에 약 5만 개가 있으며, 반면 대서양과 인도양에는 그 수가 매우 적다고 한다. 그러나 망간각에 대한 조사는 전 세계에 분포하는 해저산 중 극소수의 지역에서만 이루어지고 있는 실정이다. 현재까지의 조사 결과에 따르면, 두꺼운 망간각이 많이 분포하는 지역으로 중앙태평양에 위치한 미국령의 존스톤 제도를 비롯한 마셜 제도, 미크로네시아 제도, 키리바시 등 남서태평양 도서 국가들의 배타적 경제수역*에 존재하는 해저산들과, 서태평양의 공해상에 분포하는 해저산 지역들이 알려져 있다.

　　망간각은 수심이 얕은 곳(400미터)부터 깊은 곳(4,000미터)까지 광범위하게 나타나지만, 보통 수심 1,000~3,000미터에 주로 분포한다. 특히 코발트와 니켈이 많이 함유된 망간각은 산소가 거의

*배타적 경제수역(EEZ)
자기 나라 해안으로부터 200해리까지의 모든 자원에 대해 독점적 권리를 행사할 수 있는, 유엔 국제해양법상의 구역

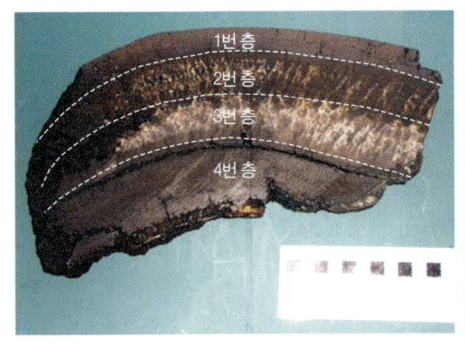
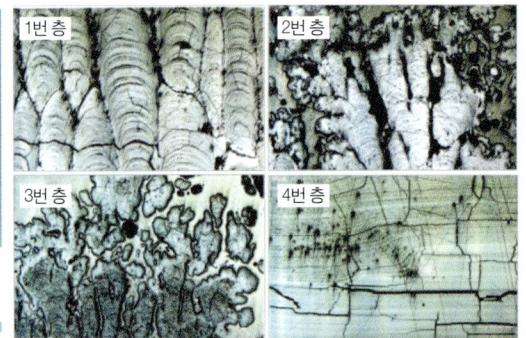

그림5
지구 환경의 블랙박스인 망간각. 망간각에서 보이는 미세한 층과 이들의 현미경 사진이다. 망간각이 만들어지는 환경의 차이에 따라 망간각의 성장 구조가 달라짐을 알 수 있다. 이 미세한 층 하나하나가 수십만 년 바다의 비밀을 고스란히 간직하고 있다.

없는 수심 800~2,200미터 지역의 해저산에서 주로 발견된다. 또한 망간각은 두께가 두꺼울수록 코발트, 백금, 니켈, 은, 구리 등의 함량이 많다고 하는데, 태평양 지역의 경우 두꺼운 망간각이 형성되는 수심은 1,500~2,500미터로 산소 결핍층 바로 아래 지역에 해당한다.

지구 환경의 블랙박스

바닷물로부터 금속 이온들이 가라앉아 만들어지는 망간각은 바닷물의 특성 변화에 따라 금속 성분과 함량도 함께 변한다고 한다. 따라서 망간각이 함유하고 있는 금속 성분들의 변화를 추적해 보면, 망간각이 만들어질 당시 바닷물의 화학 성분, 해류의 변화, 육지에서 어떤 물질들이 유입되었는지 등을 알 수 있다. 즉 수백, 수

천만 년 전의 바다 환경도 파악할 수 있는 것이다. 그러므로 망간각이 보여 주는 미세한 층은 각기 수십만 년의 바다의 비밀을 고스란히 간직한 '지구 환경의 블랙박스'인 셈이다.

그럼 망간각은 자원으로서 얼마만 한 가치를 갖고 있을까? 망간각에 포함되어 있는 코발트의 경우 전자산업, 소재산업, 화공산업 등의 원자재로 광범위한 분야에서 사용되는데, 육지에서 채취한 광물의 코발트 함량은 0.1~0.2퍼센트에 그치는 반면, 망간각에 함유된 코발트는 그 여덟 배나 되는 0.5~1.2퍼센트의 높은 함량을 보인다. 이런 특성 때문에 망간각을 '고(高)코발트 망간각(cobalt-rich crust)'이라 부르기도 한다.

국제 시장에서 코발트 가격은 1톤당 2만 9천 달러(2004년 7월 기준), 우리 돈으로 약 3천만 원으로 매우 비싼 금속에 속한다. 따라서 앞으로 망간각이 개발된다면 충분한 시장성을 갖출 수 있을 것이다. 이 밖에도 망간각은 산업 발전에 필요한 니켈, 망간, 구리 등의 금속도 풍부하게 함유하고 있으며, 특히 최근 무공해 자동차 연료전지의 재료로 각광받고 있는 백금이 최고 3피피엠(ppm)*까지 함유되어 있다. 현재까지 육지에서 생산되는 백금을 대체할 수 있는 물질로는 이 망간각이 유일한 것이라고 한다.

해양 탐사에서 망간각을 채취할 때는 준설기(드레지)*로 해저산의 암석에 붙은 시료를 뜯어내거나, 해저면 시추기*를 이용해 더욱 정교하게 망간각 시료를 채취하는 방법을 쓴다. 이에 비해

*피피엠(ppm) 함량을 표시하는 단위로 1ppm은 100만 분의 1을 나타냄

*드레지(dredge) 강철로 만든 원통형의 그물로, 해저면 위를 끌면서 시료를 채취하는 장비

*해저면 시추기 해저면 위에 고정시켜 해저면과 그 밑의 암반 등을 굴착하여 시료를 채취하는 장비

 망간단괴는 자유 낙하식 시료 채취기나 상자형 시료 채취기를 이용하는데, 이에 대해서는 뒤에서 다시 자세히 설명할 것이다.

 우리나라의 망간각 연구는 1989년부터 1991년까지 한국해양연구원이 미국의 연구기관인 국립지질조사소와 공동으로 조사한 것에서 출발한다. 영국 국적의 해양 조사선인 파넬라호(1,431톤)를 이용해 서태평양의 마셜 제도와 미크로네시아 제도에 분포하는 망간각을 세 차례에 걸쳐 탐사한 것이다. 이후 1999년부터는 우리나라의 종합 해양 조사선인 온누리호(1,422톤)를 이용하여 본격적으로 망간각 분포를 조사하고 있다.

 21세기는 국가 간 자원 확보와 개발을 둘러싼 첨예한 경쟁의 장이 될 것으로 보인다. 이는 마치 석유 파동이 일어났던 1970년대의 '자원 민족주의'를 방불케 한다. 선진국은 물론 개발도상국들도 '자원의 새로운 창고'로 떠오르고 있는 바다를 개발하는 것이 자국의 이익과 직결된다는 것을 인식하고, 유형·무형의 해양 자원을 개척하는 데 앞 다투어 나서고 있다. 망간각은 21세기를 맞아 우리나라가 개척해 나가야 할 새로운 해양 자원이다.

마그마의 변신, 해저 열수 광상

흔히 바다를 보물 창고로 비유하며, 21세기는 해양 개발을 통해 인류의 삶을 영위하는 '해양 혁명(Marine Revolution)'의 시대가 될 것으로 예견한다.

프랑스의 작가 쥘 베른은 1870년 바다의 신비를 소개하는 공상과학소설 『해저 2만 리』를 발표하여 전 세계에 커다란 파문을 일으켰다. 지금까지도 많은 독자들을 감동시키고 있는 이 책은 원자력 잠수함 노틸러스호를 타고 바다 속을 항해하는 네모 선장을 통해 바다 깊은 곳에도 우리가 개발하여 이용할 수 있는 아연, 철, 은, 금 등과 같은 금속 광물이 다량 존재함을 예지하였다. 이러한 사실은 100년의 세월을 뛰어넘는 그의 과학적 통찰력을 잘 보여 주는 것으로 그 천재성에 감탄하지 않을 수 없다.

바다 밑의 검은 굴뚝

바다 밑 해저에는 공장의 굴뚝에서 연기를 내뿜는 것처럼 검은 연기가 솟아오르는 곳을 볼 수 있는데, 이는 아주 작은 광물 입자들이 뿜어져 나오는 현상이다. 비유하자면 해저 광산 공장에서 광물 자원을 만들고 있는 과정인 것이다. 이렇게 만들어진 광산을 '해저 열수 광상'이라고 하는데, 이러한 해저 열수 광상에 대한 사실이 밝혀진 것은 불과 수십 년 전인 20세기 말에 이르러서였다.

　해저 열수 광상은 한번 개발하고 나면 없어지는 화석 자원과는 달리 지금도 끊임없이 만들어지고 있어서 지속적으로 개발 가능한, 살아 있는 자원으로 알려져 있다. 그리고 그 모습은 사막의 모래언덕과 비슷하여, 모래를 퍼내듯 아주 쉽게 광물자원을 채취

할 수 있다. 그렇다면 해저 열수 광상은 어떤 것이며, 왜 중요한 것일까?

해저 2만 리의 꿈, 열수 광상의 발견

뜨거운 물(열수)의 작용에 의해 금, 은, 구리, 아연, 납 등과 같은 금속들이 모여 만들어진 광상*을 총칭하여 '열수 광상'이라고 부른다. 청동기 시대부터 지금까지 인류가 사용하고 있는 금속 대부분은 이러한 유형의 광상에서 개발된 것이라고 한다.

열수 광상은 뜨거운 물을 만들 수 있는 열원(熱源)이 있어야 하므로 마그마의 화산 활동과 밀접한 관계가 있는데, 화산 활동은 육지보다는 해저에서 훨씬 자주, 그리고 더욱 강하게 발생한다. 육지에서 발견된 열수 광상의 상당수는 과거 지질 시대에 해저에서 생성되었으나 지각 변동에 의해 육지로 노출된 것이라고 한다. 그 예로 사이프러스 섬의 구리 광산이 있다. 청동기 문화를 꽃 피게 했던 지중해 사이프러스 섬의 구리 광산을 조사해 보니 과거 해저에서 만들어진 열수 광상임이 밝혀진 것이다.

이 같은 사실은 사람들에게 해저에 열수 광상이 존재할 것이라는 믿음을 주었고, 그것을 개발하면 풍부한 금속 자원을 얻을 수 있을 것이라는 기대를 불러일으켰다. 그 결과 열수 광상을 찾

*광상 땅속의 유용 광물이 한곳에 많이 모여 있는 곳

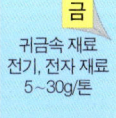

그림1
해저 열수 광상의 주변 생태계와 주요 금속. 마치 공장 굴뚝에서처럼 검은 연기가 솟아오르고 있다.

기 위한 탐사 활동이 활발해지면서 열수 광상의 비밀이 하나씩 껍질을 벗게 되었다.

어두운 암흑의 세계 심해에서 열수 광상을 찾아내는 작업은 쉬운 일이 아니다. 따라서 초기에는 여러 가지 난관에 부딪히고 많은 실패를 거듭하였다. 그러나 여러 과학자들의 끈질긴 노력으로 마침내 그 열매를 맺게 되었다. 1977년 미국의 심해 유인 잠수정* 앨빈호를 이용하여 태평양 갈라파고스 섬 주변 해저에서 검은 연기를 내뿜는 광상을 발견하게 된 것이다.

과학자들은 이를 '해저 열수 광상'이라 불렀다. 육지에 있는 산과 구분하기 위해 바다 속의 산을 '해저산'이라고 하듯이, 육지의 열수 광상과 해저의 열수 광상을 구별하기 위해 붙인 이름이다. 이를 사전에서 찾아보면 "해저 밑에서 솟아오른 섭씨 300~400도의 열수에 녹은 중금속류가 바닷물에 식혀져서 불규칙한 덩어리 형태의 황화물로 굳어져 침전한 것"이라고 설명하고 있다.

해저 열수 광상의 발견은 학문적인 가설을 실제 자연 현상에

*유인(有人) 잠수정 사람이 직접 탑승하는 잠수정. 이와는 달리 사람이 탑승하지 않는 잠수정은 '무인(無人) 잠수정'이라 한다.

서 찾아낸 위대한 발견으로 평가되며, 이러한 첫 발견으로 다양한 탐사·연구 활동이 촉발되어 다른 지역에도 해저 열수 광상이 많이 있음이 밝혀지게 되었다. 그리고 이러한 해저 탐험은 광상이 만들어지는 원인과 과정, 그리고 지각 운동 또는 화산 활동과의 관계를 밝혀내는 데도 많은 성과를 이루었다.

해저 열수 광상은 어떻게 만들어질까?

지각은 여러 개의 판(Plate)으로 이루어져 있으며, 지구 내부의 에너지에 의해 맨틀 위를 떠다닌다. 각각의 판들은 운동 속도와 방향이 서로 달라서 부딪히기도 하고, 멀어지기도 하며, 또 어긋나기도 한다. 따라서 판들의 경계에서는 화산 활동이나 단층 작용*과 같은 지각 운동이 활발하게 일어난다. 특히 새로운 지각이 생겨나면서 양쪽 판들이 반대 방향으로 움직이는 중앙해령*이나, 대륙 지각과 해저 지각이 충돌하는 해구 뒤편에서는 마그마의 상승 작용에 의해 화산 활동이 매우 활발히 일어난다.

이처럼 화산 활동이 활발한 지역에서는 해저 지각에 틈새가 발달하는데, 섭씨 약 2도의 차가운 바닷물이 그 틈새를 따라 해저 밑으로 스며들게 된다. 그리고 스며든 바닷물이 마그마에 의해 데워져 뜨거운 열수(450도)로 바뀌면, 열수와 주변의 암석이 반응하

*단층 작용 지각 변동에 의해 지층이 갈라지고 변화되는 현상

*중앙해령 맨틀의 마그마가 해저면으로 올라와 새로운 해저 지각이 만들어지는 곳으로, 해저 산맥 형태의 지형을 이루고 있다. 더 이상 화산 활동을 하지 않는 일반 해령과 달리 중앙해령은 현재에도 계속 화산 활동을 하고 있다.

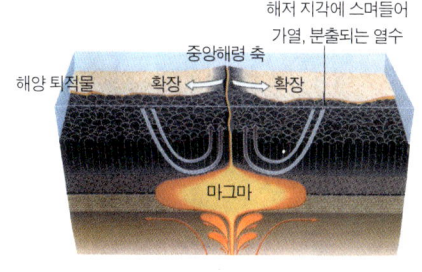
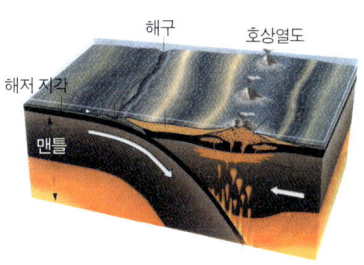

여 원래 바닷물에 녹아 있던 마그네슘을 암석에 남겨 놓는 대신 철, 망간, 아연, 구리 등과 같은 금속들은 열수에 녹아들게 된다. 경우에 따라서는 마그마가 직접 유입되기도 한다. 이렇게 하여 열수는 금속을 함유한 광액(鑛液)으로 바뀌는 것이다.

이와 같이 차가운 바닷물에서 열수를 거쳐 생성된 광액이 모여 점차 해저 지각 내의 압력이 높아지게 되면, 해저 지각 깊은 곳에 있던 광액은 지각의 약해진 틈을 타고 위로 상승한다. 이때의 광액은 감당할 수 있는 양보다 너무 많은 양의 금속을 함유한 상태이므로, 용해도 차이에 따라 차례차례 가라앉는다. 그 결과 해저 지각의 얕은 곳에 특정 금속이 농축된 광상을 만든다.

그리고 미처 침전되지 못한 광액은 계속 상승하여 해저 바닥을 뚫고 나와 차가운 바닷물과 만나게 된다. 뜨거운 광액과 차가운 바닷물이 만나면 금속이 급속히 침전되면서 아주 작은 광물 입자들이 만들어진다. 이것은 마치 공장 굴뚝에서 솟는 연기처럼 보이는데, 성분에 따라 흑연(Black Smoke, 검은 연기) 또는 백연

그림2(왼쪽)
중앙해령의 화산 활동. 마그마가 상승하면서 화산 활동이 활발히 일어난다.

그림3(오른쪽)
해저 지각이 대륙 지각 밑으로 밀려들어가는 해구의 뒤편에서도 화산 활동이 활발하다.

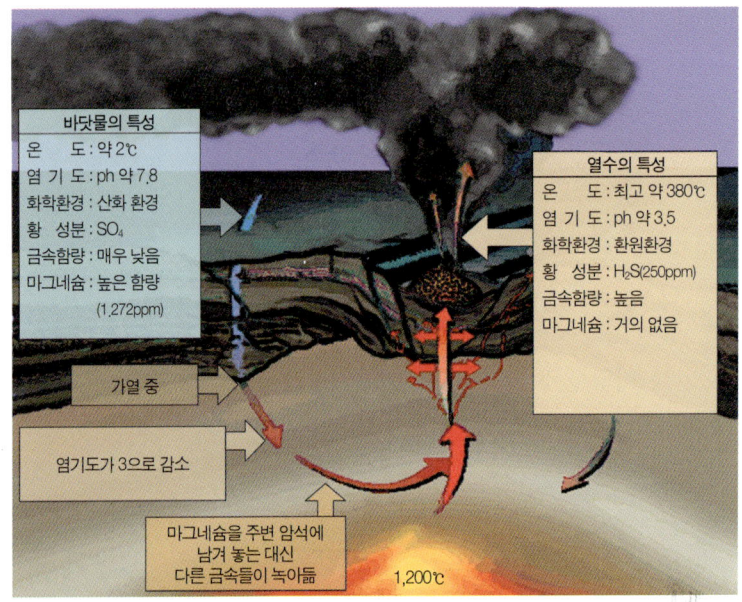

그림4
열수의 순환.

(White Smoke, 흰 연기)으로 구분한다.

연기처럼 분출된 금속 화합물은 바닷물에 비해 무겁기 때문에 대부분 멀리 도망가지 못하고, 굴뚝 역할을 하는 열수 분출공 주변에 쌓인다. 즉 열수 분출공 주변은 금속이 농축되어 있는 광상 지대이며, 지각 운동이 계속되는 한 지속적으로 금속 광물이 만들어지는 곳이다.

해저 열수 광상은 바닷물의 순환 경로나 속도, 주변 암석의 성분, 마그마 활동 등 여러 가지 요인에 따라 특성이 다양해진다. 다시 말해, 지역에 따라 해저 열수 광상에서 산출되는 금속의 종류와 품위*가 다양해진다는 것이다. 또한 그 규모나 매장량 등에서

*품위 광석 안에 들어 있는 금속의 함량. 특히 금과 같은 유가 금속의 광석에 들어 있는 함량을 나타낸다.

도 많은 차이를 보인다. 현재까지 발견된 해저 열수 광상은 대체로 금, 은, 아연, 구리, 납 등의 금속 품위가 매우 높으며 그 매장량이 막대한 것으로 추정되고 있다.

해저 열수 광상 개발의 각축전

1990년대 초까지만 해도 해저 열수 광상은 채광이 힘들다는 이유로 연구와 개발을 뒷전으로 미루었다. 그러나 최근에는 심해 탐사와 채광 기술이 발전함에 따라 개발 조건이 크게 좋아지고 있다.

해저 열수 광상은 망간단괴나 망간각에 비해 비교적 얕은 곳에 있을 뿐만 아니라 단위면적당 높은 금속 함량을 보이고 있어 상업적으로 커다란 가치를 지니고 있다. 그래서 세계 각국에서는 산업 발전의 필수 원자재인 금속 자원의 공급원 중 하나로 해저 열수 광상을 주목한다. 그 결과 더 좋은 광구를 선점하고 개발 기득권을 확보하기 위한 경쟁이 점차 치열해지고 있다.

오스트레일리아의 광업 회사인 노틸러스사는 1997년 파푸아뉴기니 정부로부터, 그리고 넵튠사는 2002년 뉴질랜드 정부로부터 각각 그들의 관할 해역에 있는 해저 열수 광상의 독점적인 탐사권을 얻어 냈다. 또 2004년에는 세계적 금광 회사인 플레이서돔사가 참여하면서 개발 열기가 더욱 높아졌다. 최근에는 2010년의 상업적인 생산을 목표로 매장량 평가와 채광 기술을 검토하고 있다.

1998년 유엔 산하의 국제해저기구(ISA) 총회에서는, 해저 열수 광상 연구가 이미 상업적 차원에서 이루어지고 있으므로 공해상의 탐사와 개발을 규제할 수 있는 규칙 초안이 마련되었다. 그리고 2004년에는 이를 총회에서 공식적으로 검토한 바 있어 곧 최종적인 규칙이 제정될 것으로 보인다.

이제 바다는 동경과 낭만의 대상에서 개발과 부의 현장으로 점차 옮겨 가고 있다. 해저 열수 광상 개발의 각축 시대가 도래한 것이다. 해저 열수 광상과 관련된 연구는 자원공학, 지질학, 해양학, 대기과학, 생물학 등 여러 학문들이 서로 연합하여 풀어야 하는 인류의 과제이다. 그래서 미국은 RIDGE, VENT 등과 같은 대형 연구 사업을 통해 해저 열수 광상에 대한 이론과 기술 개발을 주도해 왔으며, 최근에는 RIDGE 2000 프로그램을 통해 좀 더 심화된 연구를 진행하고 있다. 여기에 투자되는 비용만 해도 2003~2013년 동안 2억 3,600만 달러에 이른다. 우리 돈으로 2천억 원이 넘는 어마어마한 금액이다.

또 프랑스, 독일, 영국 등 유럽 국가들도 '인터리지(InterRidge)'라는 다국적 국제 학회를 통해, 기술 경쟁에서 우위를 차지하고자 활발한 연구를 하고 있으며, 러시아, 일본, 캐나다 등도 세계적인 잠수정 기술을 앞세워 다양한 연구를 하고 있다. 이들 선진국들의

그림5
우리나라의 해저 열수 광상 탐사 지역과 외국의 독점 개발 지역.

연구 대상 지역은 자국의 배타적 경제수역(EEZ)은 물론 공해상과 다른 나라의 지역까지 활동 무대를 넓히고 있어 전 지구적 규모로 이루어진다.

우리나라의 해저 열수 광상 연구는 선진국에 비하면 아직도 기초 단계라 할 수 있다. 1998년 미크로네시아의 얍 해구 지역에서 처음으로 해양 탐사를 수행한 것을 시작으로, 1999년에는 파푸아뉴기니의 마누스 분지, 2000년에는 솔로몬 제도의 우드락 분지, 2002년과 2003년에는 피지 지역의 북(北)피지 분지, 2004년에는 통가의 라우 분지에서 해양 탐사를 실시하였다. 또 2005년부터는 우리나라의 해저 열수 광상 개발을 목표로 통가의 라우 분지에서 더욱 정밀한 해양 탐사를 수행하고 있다. 그리고 앞으로는 경제성 높은 해저 열수 광상을 찾아내어 독점적인 탐사권, 나아가 배타적인 개발권을 획득할 수 있도록 연구 활동을 수행할 예정이다.

지구 진화의 수수께끼를 풀다

해저 열수 광상의 가치는 금속 자원의 보고라는 경제적인 측면에만 있는 것이 아니다. 어쩌면 학문적인 측면이 더 중요할지도 모른다. 왜냐하면 해저 열수 광상을 만드는 열수 작용은 맨틀의 에너지와 물질을 인류의 생활 영역으로 전달하는 과정이며, 지구 전체의 환경과 매우 밀접한 연결 고리를 갖고 있기 때문이다.

해저 열수 광상이 분포하고 있는 중앙해령과 해구 지역은 지각이 형성되고 소멸되는 장소로, 지구의 진화라는 거대한 수수께끼를 풀 수 있는 중요한 열쇠를 쥐고 있다. 또 열수 분출공을 통해 공급되는 물질은 해양과 대기 환경을 조절하는 요인으로, 이에 대한 연구를 통해 지구 전체의 환경을 지배하는 물질 순환의 원리를 밝혀낼 수 있을 것으로 기대된다.

열수 분출공 주변은 중금속 함량이 높아 일반 생명체에게는 매우 나쁜 환경이다. 하지만 뜻밖에도 많은 생명체가 살고 있어 과학자들을 놀라게 했다. 이들 생명체는 다른 지역에서는 볼 수 없었던 것으로 매우 특이하다. 또한 지구 내부의 에너지를 흡수하여 화학합성(광합성이 아니다!)을 통해 살아가는 생물체들이 먹이 사슬을 이루며 생태계를 구성하고 있다.

열수 분출공 주변의 생태계는 생명의 기원과 진화에 대한 그 동안의 학설에 커다란 충격을 주었다. 그리고 열수 분출공 주변에 살고 있는 생명체의 화학합성 작용이 금속의 침전을 촉진시킨다고 알려짐에 따라, 이들 생물로부터 생리활성물질(호르몬)을 추출하여 환경오염이나 질병 치료 등을 위한 신물질을 개발하려는 새로운 연구가 활발히 진행되고 있다.

이렇듯 해저 열수 광상은 풍부한 금속 자원을 제공하는 공급원으로서, 그리고 지구 환경에 대한 좀 더 근본적인 이해를 위한 자연 학습장으로서 가치를 지닌다. 자원과 학문의 보고인 해저 열

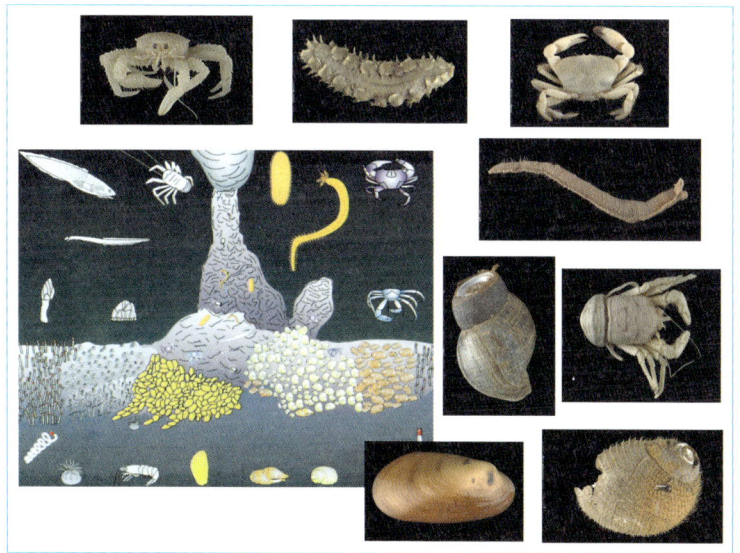

그림6
열수 생태계. 중금속 함량이 높아 일반 생명체에게는 매우 나쁜 환경이지만, 뜻밖에도 많은 생명체가 살고 있어 과학자들을 놀라게 했다. [ISA Work Shop]

수 광상! 그것에 대한 연구를 통해 국가의 경제 성장과 획기적인 학문 발전을 이룩할 수 있을 것으로 기대된다.

타는 얼음, 가스 하이드레이트

얼음에 불이 붙을 수 있을까? 마술 속의 이야기가 아니고 실제로 가능한 일이다. '가스 하이드레이트(Gas Hydrate)'라고 불리는 물질은 버석버석한 얼음의 형태를 하고 있다. 하지만 이 물질은 다량의 천연가스를 포함하고 있어 불을 붙이면 불꽃을 내면서 타게 된다.

얼음이 탄다고?

가스 하이드레이트는 높은 압력과 낮은 온도 환경에서 형성되는 천연가스와 물이 결합하여 고체화된 물질이다. 그렇다면 1리터의

그림1
얼음에 불이 붙을 수 있을까? 마술 속의 이야기가 아니고 실제로 가능한 일이다. 사진은 가스 하이드레이트가 타는 모습. (사진 제공 : 극지연구소 진영근 박사)

얼음 속에는 얼마나 많은 가스를 담을 수 있을까? 기체가 고체로 변할 때 약 165~215배 정도 압축된다는 이론을 적용하면, 1리터의 얼음에는 약 200리터의 가스를 담을 수 있다는 계산이 나온다. 그래서 가스 하이드레이트는 불을 붙이면 물이 녹으면서 가스가 타는 기이한 현상을 보인다. 천연가스는 일반적으로 95퍼센트 정도의 메탄가스로 구성되는데, 그래서 이것을 흔히 '메탄 하이드레이트'라고도 한다.

가스 하이드레이트는 어떻게 만들어질까?

그럼 가스 하이드레이트는 어떻게 형성되는 걸까? 냉장고 냉동실에 천연가스와 물을 넣어 얼리면 가스 하이드레이트를 얻을 수 있을까? 대답은 "No"이다. 왜냐하면 냉장고를 이용해 얻을 수 있는 얼음은 매우 단단하여 물 분자 사이에 천연가스가 들어갈 공간이 없기 때문이다. 이처럼 사람들이 일반적으로 만나는 자연 조건에서는 가스 하이드레이트가 형성될 수 없다. 그렇다면 가스 하이드레이트는 어떤 환경에서 만들어질까?

가스 하이드레이트는 온도가 매우 낮고 압력이 높은 상태에서 형성된다. 일반적인 대기압 조건에서 물은 어는점인 0도에서 얼게 된다. 그러나 높은 압력 조건에서는 물은 바로 얼음으로 변하지 않고, 빈공간이 많고 불안정한 물과 얼음의 중간 단계로 형성된다. 이 고체 물질은 불안정하여 온도가 내려감에 따라 일반적인 단단한 얼음으로 변하게 되지만, 그 전에 천연가스가 공급되어 불안정한 얼음의 공간을 채우게 되면 버석버석하지만 안정한 가스 하이드레이트를 만들 수 있다.

온도와 압력의 변화에 대단히 민감하게 반응하는 가스 하이드레이트는 1년 내내 얼음으로 덮여 있는 알래스카나 시베리아 같은 영구 동토(冬土) 지역*의 지하 깊은 곳(200~1,000미터)과 수심 300미터 이상 되는 깊은 바다 속처럼, 특이한 온도와 압력 조건을 갖춘 곳에서 형성된다. 바다 속이나 땅속은 깊이 들어갈수록 10미터당 약 1기압씩 압력이 높아지기 때문에, 300미터 이상의 깊은 곳에서는 30기압 이상의 높은 압력을 얻을 수 있다. 또한 영구 동토 지역이나 깊은 바다 속의 온도는 섭씨 0~2도 정도로 매우 낮

*영구 동토(冬土) 지역
한대 및 냉대 지역 중 1년 내내 땅속이 얼어 있는 지대

으므로 가스 하이드레이트가 형성되기에 매우 적절한 환경이다.

그러나 가스 하이드레이트가 형성되기 위해서는 이러한 온도·압력 조건과 함께 가스 하이드레이트의 주성분인 천연가스가 충분히 공급되는 곳이어야만 한다. 천연가스는 유기물의 공급이 많은 대륙 주변부에서 많이 형성되기 때문에 대륙 주변의 심해 지역에 가스 하이드레이트가 존재할 가능성이 높다. 우리나라의 경우에는 울릉도나 독도 주변의 깊은 바다 속에 가스 하이드레이트가 다량 매장되어 있는 것으로 알려져 있다. 따라서 이 부근의 가스 하이드레이트 연구와 개발이 시급한 실정이다.

미래의 대체 에너지

오늘날에는 육지의 화석 에너지가 점차 고갈되어 감에 따라 대체 에너지 개발이 매우 절실한 과제로 떠오르고 있다. 지금까지 조사된 가스 하이드레이트의 매장량은 약 10조 톤으로, 전 세계 천연가스 매장량의 100배나 된다. 만약 가스 하이드레이트의 생산 기술이 확보되어 에너지로 사용할 수 있게 된다면, 인류는 당분간 에너지 걱정에서 벗어날 수 있을 것이다.

가스 하이드레이트는 캐나다, 알래스카, 시베리아, 노르웨이, 일본 근해, 멕시코만, 인도 근해, 흑해 등의 대륙 주변부 심해와

그림2
퇴적물에 함유되어 있는 고체 상태의 가스 하이드레이트. 유기물이 많이 함유된 검은 퇴적물 중간 중간에 흰색의 가스 하이드레이트가 보인다. (사진 제공 : 극지연구소 진영근 박사)

영구 동토 지역에 분포하는 것으로 알려져 있다. 그럼 우리나라 주변의 바다는 어떨까?

우리나라 동해의 울릉도 주변에 흐르는 깊은 바닷물의 온도는 0~1도이며, 바다 밑의 퇴적물에는 천연가스를 만들어 낼 수 있는 충분한 양의 유기물이 존재한다고 한다. 이는 가스 하이드레이트가 형성되기에 매우 좋은 환경이다. 또한 울릉도 주변에서는 가스 하이드레이트의 존재를 간접적으로 암시해 주는 해저 산사태나, 일반적인 지형과는 다른 해저 지형의 모습이 관찰되고 있다. 따라서 이 지역에 가스 하이드레이트가 있을 가능성이 매우 높다.

이러한 사실은 자원이 부족한 우리나라에 매우 반가운 소식이 아닐 수 없다. 그래서 정부와 과학자들은 이 부근의 가스 하이드레이트 매장량을 정확히 파악하고 생산·이용하기 위하여 활발한 연구를 하고 있다.

그림3
가스 하이드레이트의 분포. 삼각형으로 표시된 곳이 현재까지 확인된 지역이다.

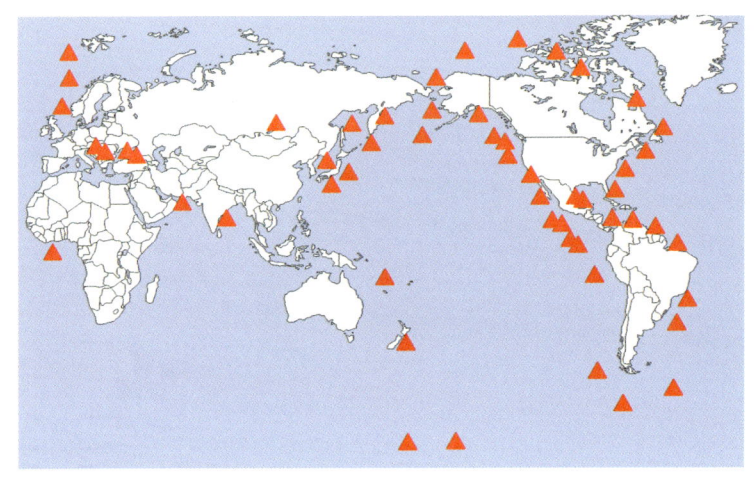

*온실가스와 기후 온난화 온실의 유리가 온실 내부의 열이 밖으로 나가는 것을 막는 것처럼, 지구의 열이 지구 밖 우주로 발산되는 것을 막는 가스를 '온실가스'라고 한다. 그 결과 지구 대기의 온도가 높아지는 '온실 효과'가 나타나는데, 이는 극지방의 빙하를 녹이고 여러 가지 기상 이변을 일으키는 등 커다란 환경 문제가 되고 있다. 대표적인 온실가스로 이산화탄소, 메탄 등이 있다.

*시추 생산을 위해 석탄이나 석유, 가스 등이 매장된 깊이까지 구멍을 뚫는 것

미래의 청정 에너지

가스 하이드레이트는 연소될 때 생기는 이산화탄소의 양이 석탄이나 석유에 비해 절반도 안 된다. 또 매장량도 어마어마하다. 이런 점 때문에 가스 하이드레이트는 깨끗하고 이상적인 미래의 청정 에너지 자원으로 각광받는다.

하지만 당장 에너지 자원으로 개발하기에는 몇 가지 문제점을 안고 있다. 천연가스의 주성분인 메탄은 온실가스의 하나로, 현재 기후 온난화의 주범인 이산화탄소보다 약 10배 정도 더 큰 온실 효과를 일으킬 수 있다.* 만약 가스 하이드레이트를 시추*하는 과정이나 생산 단계에서 다량의 메탄이 공기 중으로 방출될 경우 지구의 기후 온난화는 더욱 심각해질 것이다. 따라서 가스 하이드레

이트를 자원으로 이용하기 위해서는 바다 속 깊은 곳에 존재하는 메탄을 대기에 누출시키지 않고 안전하게 생산할 수 있는 기술적 문제를 먼저 해결해야만 한다.

그 밖에도 시추할 때 발생할 수 있는 가스의 폭발을 어떻게 방지할 수 있는지, 또 생산 과정에서 발생할 수 있는 해저 바닥의 붕괴를 어떻게 막을 것인지, 정확한 매장량을 어떻게 평가할 수 있는지 등의 문제가 있다. 이와 같이 가스 하이드레이트를 자원으로 이용하기 위해서는 아직도 해결해야 할 많은 과제들이 남아 있다.

바다 속 **보물** 끌어올리기

심해저 광물을 개발하려면?

다시 쓰는 해저 2만 리 인간은 왜 잠수를 하게 되었나?　마침내 해양 탐사선을 타다　보물을 캐는 장비들　깊이에 대한 도전, 잠수정의 발달　무인 잠수정과 무인 탐사 로봇　푸들에서 해미래까지　공상과학소설이 아니라 자연과학소설 쓰기

바다 속 지도는 어떻게 만들까? 바다의 깊이를 재기 위해 소리를 듣다　대륙 퍼즐 맞추기　해저 탐사의 혁명, 다중 빔 수심 측정 장비　우리나라의 수준은 얼마나?

어떻게 캘까? 로봇 집광기의 분리수거 빛이 없는 어둠의 세계, 해저 들판　로봇 집광기의 분리수거

심해 5천 미터에서 끌어올리기 공기와 물의 힘을 이용하면 어떨까?　1시간에 500톤, 노다지 끌어올리기

바다에서 육지까지, 미래를 나르다 파피루스 갈대배에서 초대형 화물선까지, 배의 역사　화물선에서 군함까지, 배의 종류　배 위에 지은 공장, 부유식 생산 설비　심해 광물자원 운반 작전

해저 광물의 연금술, 금속 만들기 구슬도 꿰어야 보배다　우리에게 남은 과제는?

다시 쓰는 해저 2만 리

쥘 베른의 공상과학소설 『해저 2만 리』는 자유와 바다를 사랑하는 네모 선장과 노틸러스호의 모험을 흥미진진하게 그리고 있다. 세계 도처의 바다에서 이상한 해난 사고가 잇따라 일어나는데, 고래보다 훨씬 크고 놀랍도록 빠른 속도를 지닌 '수수께끼의 괴물'을 조사하기 위해 파리의 해양학자인 아로낙스 박사 일행이 파견된다. 그들은 바다의 괴물을 퇴치하기 위해 미 군함에 탔다가 공교롭게도 괴물로 알았던 네모 함장의 잠수함 노틸러스호에 갇히게 된다. 이 책은 이들이 노틸러스호에 갇혀 지내는 약 1년의 기간 동안 대서양, 인도양, 태평양 등 해저를 탐험하면서 겪은 진귀한 모험들을 기록한 이야기다.

이 소설이 세상에 발표될 때만 해도 아직 잠수함이 만들어지

그림1
쥘 베른의 『해저 2만 리』 삽화. 시대를 무려 100년이나 앞서 간 작가의 예지력과 상상력이 놀랍다.

기 전이었다고 한다. 인간에게 가장 미지의 영역 중 하나인 바다 속 세계에 도전한 『해저 2만 리』에는 '경이의 여행'이라는 이름에 걸맞은, 이상하리만큼 놀랍고 황당한 세계가 있다. 그러나 작가 쥘 베른은 지상의 인간들이 볼 수 없는 것에 교묘하게 진실의 옷을 입혀서 웅장한 서사시적 이야기로 창조해 냈다.

19세기에 등장한 『해저 2만 리』는 해저 탐사에 대한 인간의 동경과 호기심을 대단히 자극하였다. 하지만 사실 미지의 세계인 바다에 대한 관심은 『해저 2만 리』가 등장한 쥘 베른의 시대보다 훨씬 더 이전부터 나타난다.

인간은 왜 잠수를 하게 되었나?

인류가 바다에 대한 궁금증을 해결하기 위해서는 직접 바다 속에 들어가야만 했다. 역사에 기록된 최초의 잠수는 약 2,300년 전인 기원전 332년으로 거슬러 올라간다. 당시 마케도니아 왕국의 알렉산더 대왕이 페니키아의 도시(튀르스)를 정복하려 했을 때 적지의 수중 장애물을 제거하기 위하여 잠수부를 보냈고, 또 자신이 직접 유리로 만든 잠수종을 이용하여 수중을 관찰하였던 것으로 전한다. 또한 1500년경에는 레오나르도 다 빈치가 그린 데생에도 잠수구가 그려져 있는 것으로 보아 이미 그 시기에 장비를 이용한 잠수가 이루어졌음을 짐작할 수 있다.

본격적으로 잠수 기기를 이용한 잠수는 1690년 영국의 할레이에 의해 처음 이루어졌다. 잠수할 때 무엇보다 큰 장애물은 바로 숨을 쉬는 문제이다. 할레이는 공기를 담은 큰 통들을 연결한 잠수종을 만들어 수심 20미터나 되는 템스 강에서 1시간 남짓 잠수하는 데 성공했다. 그리고 1819년에는 영국의 시베가 헬멧 잠수기의 원형을 만들었으며, 이후 공기를 헬멧에 공급하는 펌프가 보완되면서 해난 구조 등 본격적인 잠수 작업이 가능하게 되었다.

1943년 프랑스 사람인 쿠스토와 가냥 두 사람은 압축 공기를 용기에 담은 자급식 호흡기(SCUBA)*를 만들어 잠수 기술 발전에 크게 이바지했다. 그러나 압축 공기를 이용한 스쿠버 잠수는 수심

*스쿠버(SCUBA) Self Contained Underwater Breathing Apparatus 의 약자로, 물속에서 호흡할 수 있는 장비를 착용하고 잠수하는 것

20~30미터 이상의 물속에 오랫동안 머물 경우 인체의 생리나 심리에 치명적인 악영향을 미칠 수 있다는 단점을 가진다.

좀 더 깊은 곳에서 장기간 연구하고 작업해야 할 필요성이 커지자 1957년 본드는 헬륨이나 수소, 산소의 혼합 기체를 이용한 포화 잠수 기술*을 개발하였다. 그리고 1981년 미국의 듀크대학 팀은 이 기술을 이용해 수심 686미터에 이르는 잠수 실험에 성공하였다. 그러나 비약적인 잠수 기술의 발전에도 불구하고 인간이 몸으로 직접 체험할 수 있는 바다에는 한계가 있었다. 이러한 한계를 극복하기 위해 많은 해양 탐사 장비가 개발되었고, 좀 더 효과적으로 탐사 장비를 운영하기 위한 전문 연구선이 등장하였다.

마침내 해양 탐사선을 타다

19세기 챌린저호의 역사적인 세계일주 해양 대모험을 필두로 바다 자체를 대상으로 한 과학적 연구가 활발해지게 되었다. 독일 메테오르호의 남대서양 탐험*, 그리고 스웨덴 알바트로스호의 심해 탐험* 등 해양 탐사가 발달하면서 해저에 관한 지식이 크게 늘었다.

해저 지형을 연구하는 방법과 기구에도 많은 발달이 있었다. 과거에는 해저 지형의 수심을 잴 때(측심) 아주 원시적인 방법을

*포화 잠수 기술 다이버가 어떤 일정한 압력에서 장시간 잠수하면 호흡 기체 속의 기체 성분이 인체 조직에 용해되는데, 약 18~48시간이 지나면 더 이상 용해되지 않는 포화 상태가 된다. 이러한 포화 상태가 되면 같은 압력에서 잠수 시간에 제한이 없게 된다. 이 포화 잠수 기술은 100미터 이상의 수심에서 장시간 활동할 때 사용하는 기술인데, 이때 질소 중독을 막기 위해 혼합 기체를 쓴다.

*독일 메테오르호의 남대서양 탐험 제1차 세계대전에서 패망한 독일은 과학기술 발전만이 폐허가 된 독일을 구할 수 있다는 기치 아래, 군함을 개조한 해양관측선 메테오르호를 이용하여 남대서양 해양 대탐험(1925~1928년)을 수행하였다. 특히 음파를 이용한 수심 측정 방식을 사용한 것으로 유명하다. 메테오르호의 조사 내용과 방식은 해양 연구의 새로운 지평을 여는 데 크게 이바지했다.

*스웨덴 알바트로스호의 심해 탐험 영국 챌린저호의 세계일주 해양 대모험, 노르웨이 프람호의 북극해 탐험, 독일 메테오르호의 남대서양 탐험과 함께 역사적인 해양 탐험의 하나이다. 제2차 세계대전 이후 1947~1948년에 걸쳐 세계 곳곳의 심해를 탐사하였다.

썼다. 즉 무거운 추를 해저 바닥에 길게 내려뜨려 깊이를 재는 방법으로, 한번 재는 데도 몇 시간씩이나 걸렸다. 그러나 음향 측심기*가 개발되면서 탐사선은 항해를 계속하면서 동시에 측심도 할 수 있게 되었다. 최초의 음향 탐사는 독일의 증기선 메테오르호에 의해 수행되었다.

심해의 지식을 쌓는 데 가장 뚜렷한 발전은 대부분 미 해군의 원조를 받은 해양 관측 연구소들의 작업에서 비롯되었다. 라몬트 지질천문대의 탐사로 대서양의 해도(海圖)가 작성되었고, 스크립스 해양연구소의 탐사로 태평양 해도가 작성되었다.

그리고 해저 퇴적물 탐사는 제1차 세계대전 이후에 크게 진전되었다. 1920년대 초기에는 메테오르호가 남대서양에 관한 주요 정보를 수집하였고, 모나코 제도의 탐사선 푸르쿠아 파(Pourquoi Pas)호는 유럽 연안을 따라 퇴적물을 채집하였다. 그 후 1929년과 1930년에는 네덜란드 증기선 스넬리우스호가 동인도 제도의 퇴적물을 채집하였다.

해양 연구는 두 차례의 세계대전을 치르면서 주로 군사적 목적과 관련하여 많은 발전을 이루었다. 세계대전 후 해저 퇴적물에 대한 관심이 커지면서, 미국 우즈홀 해양과학연구소(WHOI)와 스크립스 해양연구소는 여러 척의 큰 탐사선을 마련하였다. 또 러시아는 북극해와 흑해를 포함한 인접 지역과 남극 부근, 그리고 세계 주요 대양 해저의 퇴적물을 연구하기 위해 두 척의 커다란 탐사선 비티아즈호와 로모노소프호를 마련하였다. 그리고 이를 이용해 해양학의 모든 분야에 걸친 연구를 수행하였다.

현재는 해양학이 발전함에 따라 전 세계적으로 수많은 연구선들이 바다 곳곳에서 활동하고 있다. 특히 미국은 등록된 중·대형 연구선만 해도 100척이 넘으며, 그중 스크립스 해양연구소와 우즈홀 해양과학연구소를 비롯한 유수의 연구기관에 소속되어 조정되고 있는 종합 해양 연구선만 해도 30여 척이나 된다. 그리고 얕은 연근해 조사선은 그 수를 셀 수 없을 정도이다.

미국의 UNOLS(대학-연구기관 해양학 실험실 시스템)가 집계한 세계 각국의 해양 연구선 수를 살펴보면, 일본 해양 연구선은 94척, 영국은 29척, 프랑스는 20척, 캐나다는 13척, 러시아는 91척, 그리고 중국은 21척이 등록되어 있다. 그리고 전 세계적으로는 약 558척이 있는 것으로 나타났다. 우리나라의 경우 온누리호와 이어도호를 포함한 11척의 연구선이 여기에 등록되어 있다.

보물을 캐는 장비들

그렇다면 전문 해양 연구선에는 어떤 장비들이 실리는 걸까? 먼저 시료* 채취용 탐사 장비로는 그랩* 채취기, 상자형 퇴적물 채취기와 같은 여러 시추 장치와 준설기 등이 있다.

*음향 측심기 초음파를 바다 밑으로 쏘아 보낸 뒤 그것이 반사되어 오기까지의 시간으로 바다의 깊이를 재는 기계

*시료 시험이나 검사·분석 따위를 하기 위한 재료

*그랩 grab, '움켜쥐다'의 뜻

초기에 시료를 채취할 때는 측심납*의 밑바닥에 컵을 붙여서 퇴적물을 채취하였다. 그러다가 이후 추를 단 시료 채취기가 내려가는 동안 금속 주걱이 열려 있다가 바닥에 부딪히면 스프링 또는 다른 장치에 의해 닫히는 방법이 개발되었는데, 이것을 '그랩 채취기'라 부른다. 그랩 채취기는 용도에 따라 그 크기와 모양이 다양하다. 대부분의 그랩 채취기는 손으로 내리고 올릴 수 있을 정도의 작은 크기이나, 일부는 인양기*를 필요로 하기도 한다. 이들은 보통 15센티미터 정도의 퇴적물을 채취할 수 있으며, 이렇게 채취된 시료는 광물 분석에 유용하게 사용된다. 그러나 그랩 채취기를 이용할 때는 시료가 뒤섞여 버릴 수 있으므로 주의해야 한다.

해저의 퇴적층에는 지구의 역사와 환경 변화가 기록되어 있다. 이를 연구하기 위해서는 연속적으로 나타나는 퇴적층의 퇴적물을 채취하는 것이 필수적이다. 여기에 사용되는 기구로는 자유 낙하식 시료 채취기, 진동식 시료 채취기, 피스톤식 시료 채취기, 상자형 시료 채취기, 다중주상 시료 채취기 등이 있다.

이 중 자유 낙하식 시료 채취기는 일정한 무게의 추를 달아서 내려 보내는 것으로, 채취기가 바닥에 닿으면 추가 분리됨과 동시에 스프링이 작동하여 시료를 채취한다. 그리고 진공 유리로 만들어진 부표를 이용해 자체 부력으로 올라오게 된다.

그리고 진동식 시료 채취기는 동력을 이용해 망치질하듯 파이프를 박아 넣어서 시료를 채취하는 것으로, 호수, 습지, 갯벌 등에

*측심납 수심을 측정할 때 쓰는 무게추
*인양기 물건(기구)을 끌어올리는 장치

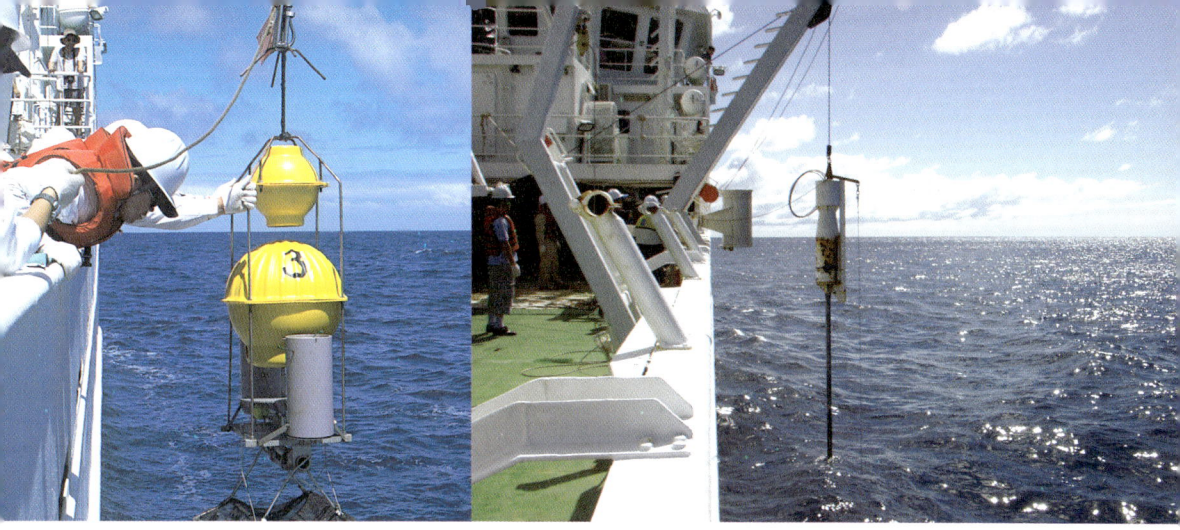

그림2(왼쪽)
자유 낙하식 시료 채취기.
그림3(오른쪽)
피스톤식 시료 채취기.

서 퇴적물을 채취할 때 많이 이용된다. 퇴적물의 입자에 따라 뚫고 들어가는 깊이가 다르나 보통 5미터 정도의 퇴적물을 채취할 수 있다.

피스톤식 시료 채취기는 해저면에서 퇴적층을 뚫고 들어간 파이프가 마치 주사기(피스톤)처럼 순식간에 퇴적물을 빨아들여 시료를 채취하는 기구로서, 상당한 깊이까지 퇴적물을 채취할 수 있다.

상자형 시료 채취기는 퇴적물이 뒤섞이거나 제거되는 오차를 막기 위해 고안된 것으로, 대개 약 50센티미터 길이까지의 시료를 채취할 수 있다. 이 채취기가 해저 바닥을 뚫고 들어가면 아래 주둥이 쪽의 삽 부분이 회전하여 주둥이 부분을 꽉 틀어막게 되어 있는데, 마치 두꺼운 진흙판에 컵을 거꾸로 박고 밑을 책받침으로 받친 것처럼 퇴적물을 채취하기 때문에 퇴적물 구조가 흐트러지는 일이 거의 없다. 이러한 방식을 이용하면 피스톤식 시료 채취

그림4
상자형 시료 채취기(왼쪽)와 이를 이용해 채취한 시료.

기로는 어려운 견고한 모래 바닥에서도 시료를 채취할 수 있으며, 상부에는 해저 퇴적 표면의 여러 구조 등이 잘 보존되므로 퇴적 구조나 생물 서식 분포도를 파악하는 데 매우 유용하다.

마지막으로 다중주상 시료 채취기는 상자형 시료 채취기에서 퇴적물을 채취할 때 생기는 퇴적층 로딩(rodding) 문제, 즉 눌림의 문제점을 보완하면서도 여러 개의 퇴적물 시료를 한 장소에서 동시에 채취 가능하도록 만든 것이다. 기본 원리는 상자형 시료 채취기와 비슷하다.

해저에서 암석을 채취하는 데 가장 효과적인 방법은 준설

(dredging)이다. 준설이란 강철로 만든 원통형의 그물을 해저면 위로 끌고 다니면서 시료를 채취하는 방식이다.

준설기의 종류로는 파이프 준설기와 프레임 준설기가 대표적이다. 파이프 준설기는 지름 50센티미터, 길이 약 2미터의 크기로, 앞부분 끝에는 암석을 자르면서 들어갈 수 있도록 날이 서 있고, 뒤에는 작은 알갱이의 퇴적물이 통과할 수 있는 격자망(쇠그물)이 가로 놓여 있다.

프레임 준설기는 쇠그물의 앞부분, 즉 암석을 뜯어내는 부분을 파이프 준설기보다 넓은 격자 형태로 만들어서 파이프 준설기보다 더 많은 면적을 준설하는 장점이 있는 반면, 튀어나온 바위

그림5
다중주상 시료 채취기.

등과 같이 장애를 가진 지역에서는 장애물에 걸리기 쉽다는 단점이 있다. 프레임 준설기는 주위를 견고한 철판으로 두른 것과, 이와는 달리 철망 포대가 달린 것이 있는데, 철망 포대는 무척 강함에도 불구하고 장애물에 걸리기 쉽고 잘 찢어지는 특성을 지닌다. 그러나 준설기가 쓰러질 경우 함께 떨어질지도 모르는 암석 시료를 그대로 보존하는 장점이 있다.

깊이에 대한 도전, 잠수정의 발달

심해를 연구하기 위해서는 바다 속을 직접 눈으로 경험할 수도 있다. 1930년 미국의 동물학자 윌리엄 비비와 기술자 오티스 바틴은 공 모양의 잠수정 배시스피어를 만들어 직접 심해 탐험에 나섰다. 배시스피어는 지름 144센티미터, 두께 4센티미터의 강철 공 모양이어서 사실 잠수정이라기보다는 잠수구라는 표현이 더 잘 어울린다.

배시스피어는 과학자와 조종사 두 명이 들어갈 수 있는 공간에다 석영으로 만든 두 개의 창이 달려 있어 주변을 관찰할 수 있도록 만들어졌다. 1934년 배시스피어는 수심 908미터까지 잠수하는 기록을 세웠으며, 4년 동안 서른두 번의 잠수를 통해 바다 속 생물에 대한 관찰 기록을 남겼다.

그림6
지구상 가장 깊은 해역인 태평양 마리아나 해구에서 수심 10,916미터의 벽을 깬 트리에스테호. 이것은 인간이 가장 깊은 바다 속으로 내려간 기록이다.

　잠수구의 형태에서 벗어나 새로운 모양의 잠수정이 만들어진 것은 1950년대에 들어와서이다. 프랑스인 오귀스트 피카르는 가솔린을 채운 거대한 풍선과 곤돌라로 구성된 배시스카프*를 제작하여 수심 4천 미터까지 잠수하는 데 성공하였다.

　이후 1960년 미국의 유인 잠수정 트리에스테호는 미국 과학자 자크 피카르와 해군대령 돈 월시를 태우고 지구상의 가장 깊은 해역인 태평양 마리아나 해구에서 수심 10,916미터의 벽을 깼다. 트리에스테호의 잠수 기록은 잠수 역사상 인간이 가장 깊은 바다 속으로 내려간 기록으로 남아 있다.

　또 1962년 7월에는 프랑스의 오비른과 들로즈, 일본의 샤사키가 아르키메데스호*를 타고 수심 9,545미터의 바다로 내려갔다.

*배시스카프 프랑스의 학술 조사용 심해 잠수정으로 1953년 수심 4천 미터에 첫발을 내디뎠다.

*아르키메데스호 프랑스 해군 소속의 심해 조사선. 프랑스가 깊이 11,000미터의 초심해 잠수를 목표로 건조하였다.

비록 트리에스테호의 잠수 기록에는 못 미쳤지만, 수백 장의 사진을 찍고 심해 퇴적물을 채집하였으며 심해 동물의 관찰 기록을 남겼다는 점에서 트리에스테호의 잠수보다 더 의미 있는 잠수로 평가된다.

1964년은 잠수정의 역사와 심해 연구에서 획기적인 변화가 일어난 해이다. 현대 과학의 발전과 바다 속 미지의 세계에 대한 도전정신의 결실로, 심해 유인 잠수정 앨빈호가 세상에 첫선을 보이게 된 것이다. 미국 우즈홀 해양과학연구소에서 만든 앨빈호는 조종사 한 명과 과학자 두 명 등 총 세 명이 탑승할 수 있는 공간을 가지고 있으며, 최대 10시간 동안 수심 4,500미터까지 잠수할 수 있는 기능을 갖추었다.

앨빈호는 지난 40년 동안 4천 번 이상이나 잠수하면서 여러 분야에서 다양한 활동을 수행하였다. 1974년에는 대서양 중앙해령에서 심해저 확장설을 확인하였으며, 1977년에는 태평양 갈라파고스 제도 인근 심해에서 열수 분출공을 최초로 확인하여 심해가 자원의 보고임을 밝혀내는 큰 공을 세웠다. 또 1985년에는 북대서양에서 침몰한 호화 여객선 타이타닉호를 73년 만에 발견, 인양하는 데 큰 역할을 하면서 대중적인 주목을 받기도 했다. 그 후 1989년에는 제2차 세계대전 중 침몰한 독일 잠수함 비스마르크호의 수색 작업에도 참여하였다. 현재 미국은 앨빈호 외에도 존슨시링크I · II, 클레리아, 피시스IV · V 등의 유인 잠수정을 보유하고

그림7
탐사 작업 중인 노틸호의 모습. 수심 6천 미터까지 잠수할 수 있는 유인 잠수정이다.

있으며, 이들을 이용해 심해 생물 연구와 신약 개발 등에 크게 이바지하고 있다.

프랑스는 미국과 더불어 심해 연구에서 매우 중요한 역할을 하고 있는 나라이다. 해양 강국 프랑스는 앨빈호가 세상에 나오기 10년 전에 이미 새로운 개념의 잠수정 배시스카프를 만들었다. 그리고 그 기술력을 바탕으로 1984년에는 수심 6천 미터까지 잠수하여 수중 작업을 수행할 수 있는 심해 유인 잠수정 노틸호를 탄생시켰다. 노틸호는 1985년부터 현재까지 1,500회 이상 잠수하여 심해 탐사에 많은 업적을 남겼으며, 해저 통신 케이블 점검, 수중 구조물 설치, 침몰 선박의 수색, 환경오염 방지, 다큐멘터리와 영화 촬영 같은 다양한 임무를 수행하고 있다. 이 밖에 프랑스 국립해양연구소는 수심 3천 미터 깊이의 심해를 탐사할 수 있는 또 다른 유인 잠수정 시아나호를 운영하고 있다.

잠수정의 대국이라 불리는 러시아 역시 심해 탐사에 커다란 공을 세운 나라 중 하나이다. 러시아 과학아카데미 해양연구소는 수심 6천 미터까지 잠수할 수 있는 쌍둥이 유인 잠수정 미르I과 미르II를 보유하고 있다. 1987년 핀란드에서 만들어진 이들 잠수정은 두 척을 동시에 운영할 수 있어, 다른 한 척이 심해 탐사 중 비상사태에 처하더라도 적절히 대처할 수 있는 기능을 가지고 있다. 또 같은 수심에서 두 척의 잠수정을 모두 이용할 수 있다는 장점 때문에, 배의 파손 부분을 조사하거나 할 때처럼 간접적인 조명이 필요한 작업에 매우 유용하게 이용된다. 미르호는 해저 열수 분출공과 같이 과학적으로 중요한 지역을 탐사하는 것은 물론이고, 침몰한 핵잠수함의 수중 밀봉 작업이나 충분한 조명이 필요한 수중 영화 촬영 등에서 중요한 역할을 하고 있다. 대표적인 영화 출연작이 제임스 카메론 감독의 영화「타이타닉」이다.

다른 선진국들에 비해서는 후발주자이지만 심해 잠수정 분야에서 놀라운 성과를 보이고 있는 나라가 바로 우리와 가까이 있는 일본이다. 일본은 해양과학기술센터 잠스텍을 중심으로 1960년대부터 잠수정 개발을 시작하여, 20년이 지난 1980년대에는 수심 6,500미터까지 탐사할 수 있는 유인 잠수정 신카이6500호를 건조하였다. 신카이6500호가 탐사할 수 있는 범위는 전 세계 해양의 98퍼센트에 이르는 광범위한 지역으로, 이를 통해 극히 일부 지역을 제외한 대부분의 해양에서 전문적인 조사를 할 수 있는 길이 열리게 되었다. 일본은 신카이6500호 외에도 수심 2천 미터까지 잠수 가능한 신카이2000호를 보유, 운영하고 있다.

무인 잠수정과 무인 탐사 로봇

사람이 직접 탑승하여 작업하는 유인 잠수정과는 달리, 사람이 직접 타지 않고도 바다를 탐사할 수 있도록 만든 것이 바로 무인 잠수정 또는 무인 탐사 로봇이다. 무인 잠수정은 연구선에 장착된 화면을 통해서만 관찰 가능한, 즉 2차원적인 관찰을 할 수밖에 없다는 단점을 안고 있지만, 인명 손실과 안전성의 문제에서 자유롭고 열악한 상황에서도 작업이 가능하다는 장점을 가지고 있다. 그래서 최근 해양 선진국들은 많은 위험이 따르는 수중 자원 개발에서 무인 로봇 기술을 널리 활용하고 있다.

무인 잠수정에는 연구선과 케이블로 연결되어 원격 조종이 가능한 '원격 조종형 무인 잠수정'과, 케이블 없이 자체 동력을 이용해 스스로 움직일 수 있는 '자율형 무인 잠수정'이 있다. 특히 자율형 무인 잠수정은 사람이 타지 않고도 스스로 움직이기 위한 동력원과 제어 장치를 갖추고 심해 탐사를 할 수 있다는 장점을 가진다. 작업할 내용을 컴퓨터에 입력시켜 내려 보내면 스스로 자유롭

게 조사를 진행하기 때문에, 움직임이 한정되어 있는 유인 잠수정이나 일반 무인 잠수정에 비해 더욱 긴 시간 동안 넓은 지역의 조사를 수행할 수 있다.

이들 무인 잠수정은 과학 분야에서는 해저 관측과 시료 채취를, 군사 분야에서는 기뢰 제거나 구조 작업을, 환경 분야에서는 해양 오염 제거와 해저 준설을, 자원 개발 분야에서는 석유 탐사와 심해저 광물자원 개발을, 그리고 산업 분야에서는 해저 광케이블을 설치하거나 보수하는 등 수중 작업과 심해 탐사에서 매우 중요한 역할을 수행한다.

그렇다면 최초의 무인 잠수정은 무엇일까? 그리고 누가, 언제 개발한 것일까? 최초의 무인 잠수정은 1953년 드미트리 레비코프가 제작한 '푸들'로서, 이것은 바다 위의 연구선과 케이블로 연결되어 있다.

1966년 비행기 사고로 해저에서 분실된 수소폭탄을 회수하고, 1968년에는 침몰한 소련 잠수함을 찾아 인양하는 사건이 발생하였는데, 이를 계기로 심해 탐사 장비와 잠수정에 대한 관심이 높아졌다. 1970년대 말 중동전쟁의 여파로 석유 파동을 겪으면서 연근해의 해저 유전이 개발되었으며, 이와 더불어 해저 작업이 가능한 상업용 무인 잠수정 개발이 이루어지기 시작하였다.

1980년대에는 컴퓨터 기술 발전에 힘입어 무인 잠수정의 기능이 다양해지기 시작했다. 자체 지능을 보유한 무인 잠수정이 출현하는가 하면, 미국을 비롯한 프랑스, 일본, 러시아, 중국 등 여러 국가에서 무인 잠수정을 개발하기 위해 경쟁적으로 연구에 뛰어들기에 이르렀다. 최근에는 수심 6천 미터 이상의 심해를 탐사할 수 있는 다양한 형태의 최첨단 무인 잠수 로봇이 등장하고 있다.

푸들에서 해미래까지

이제 무인 잠수정은 심해 탐사에 없어서는 안 될 중요한 위치에 서게 되었다. 외국에서는 일반 작업 목적의 무인 잠수정이 상품화되어 판매되고 있으며, 현재 기능의 다양화와 고도화, 시스템의 소형화를 위한 연구가 계속 진행 중이다.

미국은 우즈홀 해양과학연구소의 제이슨과 제이슨II를 비롯하

그림8
1996년에 대우조선해양이 건조한 우리나라의 무인 잠수정 옥포6000.

여, 몬터레이 해양연구소의 티뷰론 등 다양한 심해 무인 잠수정을 개발하였으며, 연구기관과 산업체, 대학을 중심으로 무인 잠수정에 대한 연구가 활발히 진행되고 있다. 1997년 프랑스 국립해양연구소에서는 수심 6천 미터를 탐사할 수 있는 무인 잠수정 빅토르6000과, 최대 속도 5노트로 수심 3천 미터 해저를 탐사할 수 있는 에스터를 개발하였으며, 일본의 해양과학기술센터에서는 마리아나 해구를 조사하기 위해 수심 11,000미터 해저를 탐사할 수 있는 심해 무인 잠수정 가이코를 개발하는 데 성공하였다. 또 캐나다 해양과학연구소에서는 수심 5천 미터를 탐사할 수 있는 무인 잠수정 로포스를 운영하고 있다.

우리나라의 경우 다른 해양 선진국에 비해 무인 잠수정 개발에 늦게 뛰어들었지만, 세계 최고 수준의 선박 건조 기술을 바탕으로 해양 장비와 무인 잠수정 기술을 꾸준히 발전시키고 있다. 1993년 한국해양연구원에서 씨로브300을 개발한 것을 시작으로 1996년에는 대우조선해양이 자율형 무인 잠수정 옥포6000을 건조하였다. 또한 1997년에는 한국해양연구원이 200미터급 자율형 무인 잠수정 보람호를 개발해 수조 시험을 성공적으로 마쳤으며, 2003년에는 민간·군사 겸용으로 사용할 수 있는 반(半)자율형 무인 잠수정 소브를 개발하였다.

이러한 경험을 바탕으로 현재 한국해양연구원에서는 수심 6천 미터 해저를 탐사할 수 있는 복합형 무인 잠수정 시스템을 순수 국내 기술로 개발 중에 있다. 2007년 완성될 예정인 이 잠수정은 해저 탐사와 정밀 작업을 수행하는 무인 잠수정 '해미래'*와, 심해 이동기지 기능을 갖추고 예인이 가능한 수중 진수 장치 '해누비'*, 그

*해미래 바다의 미래
*해누비 바다를 누빔

그림9
한국해양연구원의 무인 잠수정 시뮬레이션.

*진수식 새로 만든 배를 처음으로 물에 띄울 때 하는 의식

리고 해미래와 해누비의 중앙 제어 장치인 선상 제어실 등으로 구성되어 있다. 이 무인 잠수정은 길이 3.3미터, 폭 1.8미터, 높이 2.2미터에 달하며, 무게는 3,200킬로그램을 육박한다. 시속 1~1.5노트 속도로 운항할 수 있는 해미래는 로봇팔과 최첨단의 다양한 센서가 장착돼 있어 깊은 바다에서 광물자원과 해양 생물을 탐사하고 샘플을 채취할 수 있다.

공상과학소설이 아니라 자연과학소설 쓰기

『해저 2만 리』에 등장하는 상상 속의 잠수함 노틸러스호는 이제 더 이상 공상이 아닌 현실이 되었다. 1954년 진수식*을 가진 세계 최초의 원자력 잠수함 노틸러스호의 이름은 바로 쥘 베른의 소설 속에 등장하는 네모 선장의 노틸러스호에서 딴 것이다. 이 책이 출간된 지 130여 년이 지난 오늘날, 바다 속 세계는 단순한 관심의 대상만이 아니다. 이제 인류에게 해저는 호기심의 대상을 뛰어넘어 새로운 도전의 장, 인류의 생존에 필요한 유용한 자원의 공급처로 인식되고 있다. 다양한 해양 장비가 개발되면서 바다는 무섭고 두려운 대상에서, 좀 더 가깝고 친숙한 대상으로 바뀌고 있는 것이다. 이제는 '공상과학소설' 『해저 2만 리』가 아니라 '자연과학소설' 『해저 2만 리』로 다시 써야 할 세상이 되었다.

바다 속 지도는 어떻게 만들까?

아주 오래 전부터 사람들은 마을 주변과 나라, 더 나아가 육지 전체의 모습을 좀 더 정확히 알기 위해 지도를 제작해 왔다. 직접 발로 걸어 다니며 육지의 모습을 그렸는가 하면, 배를 타고 항해하거나 비행기를 이용하는 등 여러 수단을 사용하여 지도를 제작했다. 이후 대양 탐사가 시작되면서 사람들은 바다에도 눈을 돌리기 시작했고, 신비로운 바다를 더 많이 이해하고자 노력하게 되었다.

이러한 변화에 힘입어 '육지의 지도를 만들듯 바다의 모양도 지도로 만들 수 있지 않을까?' 하는 의문이 일어난다. 그리고 결국 바다를 이해하고자 했던 사람들의 노력과 열정으로 '해저 지도'는 현실로 나타나게 되었다.

바다의 깊이를 재기 위해 소리를 듣다

초기의 대양 탐사에서는 해저 지도를 만들기 위해 무거운 추를 이용하였다. 납으로 만든 추를 실에 매달아 바닥에 닿았을 때의 길이를 기록하는 방식으로 수심을 측량한 것이다. 그러다가 20세기에 들어 물속에서 음파가 매우 잘 전달된다는 특성이 밝혀지게 되면서, 전기 에너지와 기계적인 에너지를 서로 변환시킬 수 있는 음파 발신기가 개발되었다. 이로써 더욱 빠르고 정확하게 수심을 잴 수 있게 되었다. 음향을 이용한 수심 측량과 목표물 탐지 기술은 제1·2차 세계대전을 전후로 군사적 목적의 활동이 활발해짐에 따라 크게 진보하였다.

정확한 수심 측량이 필요한 곳은 선박의 안전 운항, 해저 자원 탐사, 군사 작전, 환경 평가 등 한두 가지 분야가 아니다. 특히 해저 약 200미터까지 대륙붕 주변의 정확한 수심 측량은 우리의 사회·경제 활동과 밀접한 연관이 있으며 그 활용 범위가 넓기 때문에 무척 중요하다. 물론 심해의 수심 자료 역시 학문적인 차원에서 볼 때 중요한 정보를 지니고 있으므로 그 중요성은 대륙붕 못지않다. 특히 해양지질학과 지구물리학 분야에

서는 해저 지형 조사가 매우 중요한데, 지구 표면을 형성하는 해양·대륙 지각의 정보는 지구 진화 과정을 이해하는 데 가장 기본이 되기 때문이다.

지각의 움직임을 연구하는 것은 지구에서 일어나는 여러 현상들을 이해하는 데 매우 중요한 역할을 한다. 그리고 지각의 움직임을 이해하기 위해선 화산이나 단층과 같이 지표면에 존재하는 작은 구조물들의 위치와 모양을 정확하게 알아야만 한다.

이처럼 해양지질학과 수심 측량은 서로 밀접하게 관련되어 있으며, 수중음향학은 지표면의 여러 지형을 연구하는 데 선구자 역할을 하였다. 따라서 20세기 해양지구과학 발전에 가장 중요한 영향을 미친 것 가운데 하나가 수중음향학이라고 해도 과언이 아닐 것이다.

대륙 퍼즐 맞추기

지질학이라는 학문은 18세기 유럽에서 본격적으로 시작되었다. 그러나 우리가 지구 전반을 제대로 이해하기 시작한 것은 고작 30여 년에 불과하다. 1912년 독일의 과학자 알프레드 베게너는 지구의 여러 대륙이 퍼즐 조각처럼 하나로 끼워 맞춰진다는 것에 착안하여, 현재의 대륙들이 과거에는 하나의 거대한 땅이었을 것이라고 주장했다. 그러나 그의 주장은 당시 사람들에게 손가락질과 비웃음만 살 뿐이었다.

이 같은 베게너의 상상력은 해저 탐사 기술이 급속히 발달한 1960년대 말에야 비로소 정설로 받아들여지게 된다. 뿐만 아니라 그에게서 비롯된 '대륙 이동설'은 그 후 생물학의 DNA 발견, 화학의 주기율표, 물리학의 양자 이론처럼 현대 지구과학의 기초가 되는 '판 구조론'이라는 통합 이론으로 발전하게 된다.

그렇다면 왜 그렇게 오랫동안 사람들은 이같이 중요한 사실을 몰랐을까? 그것은 한마디로 우리가 바다를 잘 몰랐기 때문이다. 아니, 더 정확히 말하자면 세계대전을 치르면서 발달한 해저 음향 탐사 기술로, 1960년대에 들어서야 비로소 해저 지형과 해양 지각의 모습을 정확히 파악할 수 있었기 때문이다. 물속에서 음파를 이용해 탐사하기 전까지는 바다는 우리에게 그저 한가로운 평원이나 조용한 암흑세계와도 같은 존재였던 것이다.

판 구조론은 단순히 대륙들의 움직임뿐만 아니라 지표면에서 일어나는 많은 현상들을 종합적으로 설명해 준다. 판 구조론에 의하면, 지구 표면은 몇 개의 판으로 구성되어 있으며 이 판들은 맨틀의 움직임에 따라 움직인다고 한다. 이때 각각의 판들이 서로 충돌하고 마찰하고 벌어지는 과정에서 지진이나 화산과 같은 여러 지질 현상이 발생한다.

예를 들어 지난 2004년 크리스마스 휴가 기간 중에 전 세계를 떠들썩하게 만들었던 사건을 기억하는가? 인도네시아와 말레이시아 등 동남아시아 국가에 거대한 지진해일*인 쓰나미(Tsunami)가 강타하여 수천 명의 목숨을 빼앗아 간 사건 말이다. 그렇다면 이처럼 커다란 피해를 안겨 준 쓰나미는 어떻게 일어난 것일까? 판 구조론은 쓰나미가 발생한 이유를 유라시아판과 인도판 간의 충돌 때문이라고 설명한다. 즉 무거운 해양 지각인 인도판이 대륙 지각인 유라시아판 밑으로 밀려들어가면서 발생한 마찰 에너지가 오랫동안 쌓였다가 한꺼번에 지진으로 방출된 것이다. 또한 판 구조론은 히말라야, 로키, 알프스 등 거대한 산맥들도 대부분 지구 표면의 대륙판들이 충돌하면서 생겨난 것이라고 설명한다.

이처럼 판 구조론은 지형의 형성과 지질 현상, 심해저 광물자원의 분포, 지구를 감싸는 대기층의 형성 과정과 생명의 기원 등 지구의 여러 현상들을 더 잘 이해할 수 있는 밑바탕이 된다.

그럼 지구의 판들을 움직이게 하는 힘은 무엇일까? 그리고 이 움직임은 어디서부터 시작되는 것일까? 과학자들은 지구 위의 거대한 판들을 움직이게 하는 힘으로 땅속 깊이 있는 물질, 즉 맨틀의 대류* 작용을 주목했다. 마치 액체처럼 유동성을 가진 맨틀은 온도가 낮은 것은 아래로, 높은 것은 위로 올라가는 대류 현상으로 인해 끊임없이 위아래 또는 좌우로 움직인다. 그 결과 지구 표면의 지각이 맨틀 위에서 마치 컨베이어벨트처럼 순환하며 대륙을 이동시키게 된다.

*지진해일 지진이나 해저 화산 폭발로 해저 지각이 솟거나 가라앉으면서 해수면도 변화하는데, 이때 발생하는 매우 긴 파장의 거대한 파도

*대류 기체나 액체에서 열이 전달되는 현상

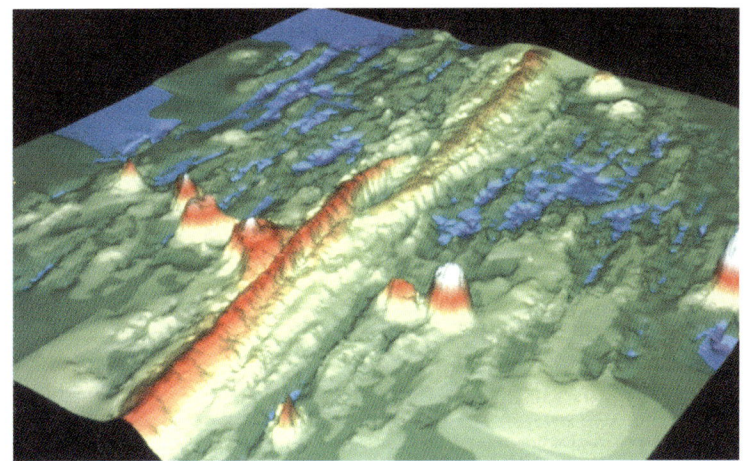

그림1
동태평양 중앙해령의 지형도. 지구를 두 바퀴나 돌 정도로 거대한 해저 활화산들이 다닥다닥 붙어서 바다 밑바닥으로 이어진다니 정말 대단한 현상이 아닐 수 없다.

앞의 쓰나미의 예에서 보았듯이, 판들이 이동하면서 해양판과 대륙판이 부딪히면 무거운 해양판이 대륙판 밑으로 밀려들어가 소멸되고 만다. 그런데 해저가 소멸되기만 하고 새로 생기지 않는다면 지표면은 끊임없이 줄어들지 않을까? 다시 말해 해양 지각이 대륙 지각 밑으로 들어가 사라진다면 새로 만들어지는 곳도 있어야 한다는 것이다. 과학자들은 이러한 곳을 가리켜 심해의 '중앙해령'이라고 부른다.

심해의 중앙해령에서는 맨틀 물질이 올라오면서 엄청난 양의 마그마와 수증기가 뿜어져 나온다. 중앙해령의 총 길이는 약 6만 킬로미터나 된다고 하는데, 지구를 두 바퀴나 돌 정도로 거대한 해저 활화산들이 다닥다닥 붙어서 바다 밑바닥으로 이어진다니 정말 대단한 현상이 아닐 수 없다. 이러한 해양 지각의 생성과 순환 과정을 사람들이 이해하기 위해서는 해저 지형을 정확히 파악하는 것이 반드시 필요하다. 1960년대 후반에 개발된 '다중 빔 수심 측정 장비'는 지구과학의 혁명이라고 할 수 있는 판 구조론을 정립하는 데 커다란 역할을 하였다.

해저 탐사의 혁명, 다중 빔 수심 측정 장비

현대의 해저 지형 조사는 대부분 조사선 밑에 설치된 음파 발생 장치에서 만드는 음파를 이용해 이루어진다. 여기서 잠깐, '비행기나 인공위성을 이용해 육지의 지도를 만드는 것처럼 바다 속의 지도도 만들 수 있지 않을까?' 하는 의문이 생길 수 있다.

실제로 해저 지형을 측정하는 방법에는 비행기를 이용하여 원격 탐사를 하는 방법도 있다. 예를 들어 산호초와 열대어로 유명한 오스트레일리아 동부의 골든코스트에서는 저공 비행이 가능한 헬기나 경비행기를 타고 전자기파를 이용해 지형 조사를 하는데, 이 지역은 수심이 고작 수십 미터에 불과한 곳이다. 반면 수심이 깊은 곳에서는 전자기파가 잘 전달되지 않기 때문에 이 방법을 이용할 수 없다.

전자기파가 물속에서 멀리 전달되지 못하는 이유는, 전자기파의 진동(파동)*을 전달하는 에너지가 주파수에 비례하여 줄어들기

*파동 한 부분에서 생긴 진동이 물질이나 공간을 따라 차례로 퍼져 나가는 현상

때문이다. 즉 파동이 매우 짧은, 극초단파에 속하는 전자기파는 물속에서 에너지 감소가 너무 심하기 때문에 멀리 가지 못하는 것이다. 그래서 대양의 수심을 잴 때는 전자기파를 이용하지 않고 주로 12킬로헤르츠(kHz)*의 음파를 사용한다.

그동안 음향을 이용한 수심 측정은 하나의 음원에서 발사된 음파가 해저 바닥에 반사되어 돌아오는 데 걸리는 시간을 재서 거리를 계산하는 방식을 사용하였다. 그러나 단일 음파 발신기에서 발생되는 음파의 흐름, 즉 빔의 폭은 각도가 20도 이상이나 되기 때문에, 실제 해저 바닥에서 음파가 반사되는 지역은 매우 넓어진다. 깜깜한 방에서 손전등을 벽에 비추었을 때 벽면에 나타나는 커다란 원을 생각하면 쉽게 이해할 수 있다. 이때 손전등과 벽 사이의 거리가 멀어질수록 원의 크기도 커지게 된다.

해저에서도 이와 같은 현상이 생긴다. 단일 빔을 사용하여 해저 약 5천 미터 수심을 측정할 경우, 실제 돌아오는 반사파는 약 900미터 반지름의 해저 바닥에 반사되어 돌아온 것이다. 반지름 900미터의 원이라면 그 안에 수십 개의 월드컵 경기장을 세울 수 있을 정도의 넓이이다. 따라서 그 지역 안에 산과 계곡 등 다양한 지형이 있다 할지라도 이를 측정할 수 없게 된다. 쉽게 말해서 반지름 900미터보다 작은 지형 변화는 제대로 측정할 수가 없는 것이다.

단일 빔이 가지는 또 하나의 단점으로, 측선 조사*에 아주 많

*헤르츠(Hz) 1초 동안 진동의 마루(최고)와 골(최저)이 반복된 횟수

*측선 조사 정해진 선을 따라 이동하면서 하는 지형 조사. 이와는 달리 정해진 한 위치에서 조사하는 것은 '정점 조사'라고 한다.

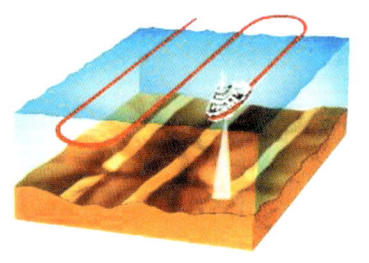 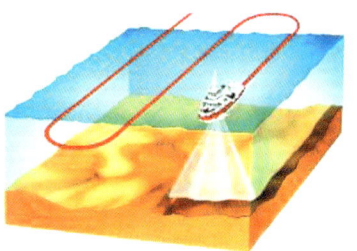

그림2
단일 빔(왼쪽)과 다중 빔의 지형 탐사 방법. 단일 빔 수심 측정이 손걸레로 방을 닦는 것이라면, 다중 빔 수심 측정은 긴 봉에 걸레를 달아 한 번에 방 전체를 닦는 것에 비유할 수 있다.

은 시간과 비용이 든다는 점을 들 수 있다. 우리가 어떤 지역의 수심을 측정할 때는 조밀한 간격으로 여러 개의 측선 조사가 함께 이루어져야 하는데, 단일 빔으로는 이것이 불가능한 것이다. 이에 반해 100개 이상의 빔을 동시에 쏘는 다중 빔 측정 장비는 한 번에 넓은 지역을 더 정확하게 조사할 수 있다. 이는 인체의 내부를 보는 초음파 진단기의 원리와 같다.

바람이 불고 파도가 치는 바다에서는 해수면의 움직임에 따라 다중 빔 탐사기가 출렁거리게 되는데, 이러한 파도 속에서 넓은 지역의 수심을 정확하게 측정하기 위해서는 정확한 계산 능력을 갖춘 시스템이 필요하다. 다중 빔 탐사 기술이 개발될 수 있었던 것도 이러한 각종 전자 센서의 기술 발달 덕분에 가능했다고 볼 수 있다.

해저 수심 측정은 조사선의 움직임을 실시간으로 측정하여 3차원 좌표로 변환한 후, 각각의 빔이 해저에서 가져온 정보로 계산한다. 이를 위해 고속의 컴퓨터와 함께 위성 항법 장치(GPS)*,

*위성 항법 장치(Global Positioning System) 지구 상공에 고르게 분포한 24개의 인공위성에서 발사한 위치·시간 정보를 3각 측량법으로 계산하여 현 위치를 계산하는 장치. 1970년대 초에 미국이 군사용으로 설치하였으나 이후 일반에 공개되었다. 지구상 어디서든지 최소한 4개의 인공위성이 보이도록 설계되어 있다.

선체 동작 감지 센서* 등 수많은 첨단 전자 계측 기술이 동원된다. 수심의 몇 배에 이르는 넓이를 한꺼번에 조사할 수도 있고, 빔의 각도도 1도 정도로 매우 정교해 높은 해상도의 자료를 제공할 수 있다. 이처럼 다중 빔 측정 장비는 단일 빔의 단점을 혁신적으로 보완했다는 점에서, 해저 지형 조사에 신기원을 이룩했다고 할 수 있다.

우리나라의 수준은 얼마나?

미국과 영국, 독일, 노르웨이, 스웨덴 등 해양 장비 기술이 발달한 나라들은 다중 빔 측정 장비를 자체 제작하여 이용한다. 그러나 안타깝게도 우리나라에서는 아직까지 이러한 기술이 미흡하여 자체적으로 개발하지 못하고 있는 실정이다.

우리나라에 다중 빔 음향 탐사가 소개된 것은 1992년 한국해양연구원이 해양 조사선 온누리호를 도입할 때 함께 들여온 '시빔(Sea Beam)'을 통해서이다. '시빔'은 상표명으로, 1980년대 초 그동안 미국에서 군사적으로 비밀리에 활용되어 오던 다중 빔 음향 측심 기법이 일반에게 공개되면서 개발된 제2세대 장비이다. 우리가 도입한 장비는 시빔2000으로, 음원을 발사하는 28개의 발신기와 음파를 수신하는 84개의 수신기가 달려 있다. 발신기는 배의

*선체 동작 감지 센서
지구 표면에 대한 조사선의 상대적 위치를 상하, 전후, 좌우의 각도로 실시간 측정하는 장치

앞뒤 방향과 평행하게, 그리고 수신기는 수직 방향으로 배열되어 있다. 이는 1980년대 초 프랑스 조사선 장 샤르코호와 미국의 조사선 토머스 워싱턴호 등에 장착되었던 시빔(일명 클래식 시빔)에서 크게 진보한 것으로, 기존의 빔의 수를 16개에서 120개로 늘리고, 빔의 폭도 4도에서 2도로 대폭 줄인 것이다.

시빔2000은 1992년 당시에는 혁신적인 것으로 최근까지도 널리 사용되고 있다. 그 후 한국지질자원연구원이 탐해2호를 진수하면서 노르웨이에서 제작한 EM12 다중 빔 음향 탐사기를 도입하고, 이어서 국립해양조사원이 해양2000호에 시빔2100을 장착하여 우리나라 전 해상 교통로의 수로 조사에 이용하고 있다. 현재 한국해양연구원의 온누리호는, 이제 구형이 되어 성능이 나빠진 시빔2000을 대체할 최신 다중 빔 음향 탐사기 EM120을 설치하고 시험 중에 있다. 빔 폭의 각도를 1도로 줄였고, 빔 개수도 총 191개로 늘려 탐사의 정확성과 효율성이 대폭 향상될 것으로 기대된다.

이로써 우리나라도 해저 지형을 조사하는 데 선진국 못지않은 기반을 갖추게 되었다. 하지만 선진국과의 차이는 아직도 크다. 가까운 일본만 하더라도 다중 빔 음향 탐사기를 갖춘 심해 조사선이 15척 이상 된다는 점을 비교해 보면 현재 우리가 가진 장비는 그리 많은 것이 아니다. 그러므로 우리는 자체 기술로 다중 빔 음향 탐사기를 제작하기 위한 연구에 더욱 힘써야 할 것이다.

어떻게 캘까? 로봇 집광기의 분리수거

깊은 바다 속 심해저에 널려 있는 망간단괴. 이것을 우리가 이용하기 위해서는 바다 밑바닥에서 캐내는 일이 먼저 이루어져야 한다. 그럼 심해저 망간단괴는 어떻게 캘까? 육지에 있는 광산에서처럼 해저 바닥에 구멍을 뚫고 화약을 폭발시켜 캘까? 아니면 직접 사람이 들어가 손으로 주워 담을까? 이 물음에 답하기 위해서는 먼저 심해저 환경을 이해해야 한다.

빛이 없는 어둠의 세계, 해저 들판

우선 농촌의 모습을 상상해 보자. 도심을 벗어나 한적한 곳에 위치한 농촌에 가면 산과 들, 시원하게 트인 평야가 우리의 마음을 편안하게 한다. 그리고 그 너른 평원 위에는 농부들이 흘린 땀의 결실들이 무럭무럭 자라고 있다.

우리나라의 심해저 광구가 있는 클라리온-클리퍼턴 해역의 5천 미터 바다 속 모습도 이와 비슷하다. 그곳에도 산과 평원이 함께 자리해 있으며, 넓고 평평한 논에서 각종 농작물들이 자라듯 망간단괴도 해저의 평야인 심해저 구릉지에서 천천히 자라고 있다. 망간단괴가 자라는 평야를 '단괴 들판'이라고 부르며, 이 들판은 두꺼운 퇴적물로 덮여 있다.

퇴적물은 매우 무르고 연해서 만약 사람이 그 위에 선다면 마치 늪에 빠진 것처럼 푹 빠져 버리고 말 것이다. 한 점 햇빛도 들어올 수 없는 암흑의 세계, 빛이 없는 소리의 세계인 그곳에서는 전등을 켠다고 해도 불빛이 바닷물에 흡수되어 버려 10미터 앞도 분간할 수 없다.

심해저 주변은 수온이 2~3도에 불과한 아주 차디찬 바닷물과 오랜 세월 쌓여 형성된 퇴적층뿐이다. 사실 바닷물과 퇴적물이 만나는 표층은 물인지 퇴적물인지 구별조차 어렵다. 그래서 이를 가리켜 '준액상층(semi-liquid layer)'이라 부른다. 준액상층은 5~10센티미터 정도의 두께로 묽은 죽 같은 모습을 하고 있는데, 바로 이곳에서 망간단괴가 자라고 있다. 그렇다면 이와 같은 심해저 환경에서 망간단괴들을 어떻게 캐낼 수 있을까?

로봇 집광기의 분리수거

'망간단괴 집광'이란 해저 준액상층에 묻혀 있는 망간단괴들을 따로 분리수거한 후, 이를 바다 위로 끌어올리기 위한 준비 저장소인 버퍼로 가져와 모으는 연속적인 작업을 뜻한다. 이러한 작업이 이루어지기 위해서는 단괴 들판에서 자유롭게 이동하며 망간단괴만을 효과적으로 수거할 수 있는 도구가 필요하다. 이때 이용되는 것이 바로 '로봇 집광기'이다.

로봇 집광기는 유연한 파이프 관을 통하여 버퍼와 연결되어 있으며, 앞쪽에는 망간단괴를 분리수거할 수 있는 장치가 장착되어 있다. 그럼 로봇 집광기의 좀 더 세부적인 구조를 살펴보자.

로봇 집광기는 심해저를 자유롭게 돌아다닐 수 있도록 하는 주행 장치, 망간단괴를 모으는 채집 장치, 망간단괴가 유연관을 통과할 수 있도록 적당한 크기로 부수는 파쇄 장치를 비롯해, 유연관 이송 시스템, 유압 에너지 생성 장치, 유압 제어 시스템, 계측 센서 시스템, 전력 공급 시스템, 광통신 시스템 등으로 이루어져 있다. 이러한 모든 구성요소들은 로봇 집광기가 수심 5천 미터 해저에서 사람 없이 자동적으로 작동되기 위한 최소한의 요건들로서, 우리 몸으로 치면 감각기관과 신경계통, 그리고 심장과 팔다리에 해당하는 것들이다.

특히 바닷물에 노출되는 부위는 부식되는 일이 없도록 녹슬지 않는 재료로 만들거나 녹 방지 처리를 반드시 해야 한다. 또한 압력이 높은 심해에서 각 기계들이 제대로 작동하기 위해서는 높은 압력에서도 견딜 수 있도록 제작되어야 한다. 따라서 각종 기계 장치들은 심해저 생물의 지혜를 본떠 외부의 수압과 내부의 압력을 같도록 하는 압력 보상 방식을 이용하여, 500기압의 높은 수압에서도 정상적으로 작동되도록 설계된다.

이러한 각 장치들이 제 기능을 발휘하기 위해서는 통합 운용 제어 소프트웨어가 절대적으로 필요한데, 이는 사람으로 치면 뇌에 해당하는 부분이다. 로봇 집광기의 작동과 채광 시스템, 그 밖의 다른 부분들이 통합적으로 기능을 발휘할 수 있도록 그 운용을 담당하는 소프트웨어. 로봇 집광기는 이러한 소프트웨어의 지시 아래 다음과 같은 집광 작업을 수행한다.

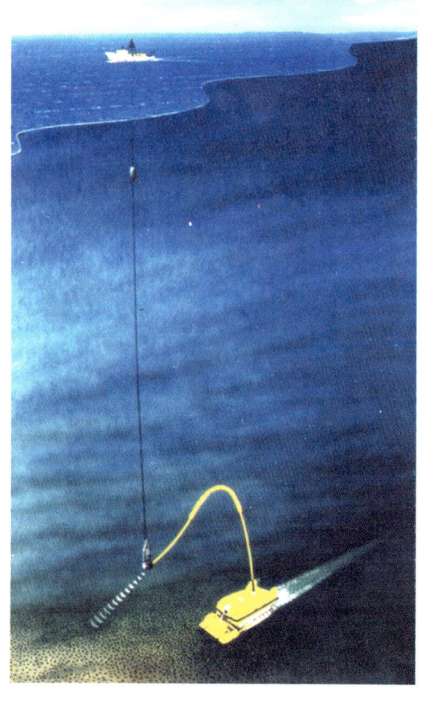

그림1
로봇 집광기의 채광. 수심 5천 미터에서 500기압의 수압을 견디며, 사람을 대신해 고군분투하고 있다.

먼저 로봇 집광기는 연약한 심해저 퇴적층 위에서 빠지지 않고 신속히 이동할 수 있어야 한다. 따라서 특수하게 설계된 트랙 구동 방식의 주행 장치를 이용하여 단괴 들판을 달린다. 로봇 집광기가 단괴 들판 위를 주행하면 집광기의 가장 앞부분에 장착된 채집 장치는 강한 물제트를 쏘아 준액상층에 묻혀 있는 망간단괴를 띄워 올리는 작업을 한다. 이때 물제트 뒤편에서 회전하고 있는 컨베이어벨트는 떠오른 망간단괴만을 분리해서 로봇 집광기의 내부로 운반한다. 컨베이어벨트로 운반되어 들어오는 망간단괴들은 회전식 파쇄 장치에 의해 적당한 크기로 부수어진다. 그리고 부수어진 망간단괴 조각들은 유연관을 통과하여 버퍼까지 운반된다. 이로써 집광의 모든 공정은 마무리된다.

그러면 로봇 집광기가 미리 계획된 집광 노선을 따라 제대로 가고 있는지는 어떻게 알 수 있을까? 요즘 대중적으로 애용되고 있는 위성 항법 장치(GPS)가 바다 속에서도 사용 가능하다면 이를 파악하기가 매우 쉽겠지만, 심해저에서는 빛과 전파가 모두 바닷물에 흡수되기 때문에 그것이 불가능하다. 따라서 빛이나 전파를 이용하는 대신, 고래나 돌고래의 의사소통 수단인 수중 음파에서 착안한 심해저 항법 시스템을 이용한다. 즉 수중 생물들의 통신 방법에서 해결책을 찾아낸 것이다. 이처럼 자연은 우리에게 문제를 해결할 수 있는 실마리를 제공한다. 따라서 지혜의 근원인 자연을 무차별하게 해치는 일이 일어나지 않도록 친환경적인 로봇 집광기를 개발해야 한다.

수심 5천 미터에서 500기압의 수압을 견디며, 끈적끈적하게 들러붙는 퇴적물 속에서 망간단괴만을 골라 캐내는 일은 사람이 할 수 없는 매우 힘든 작업이다. 이렇듯 사람을 대신해 심해저에서 고군분투하고 있는 로봇 집광기는 작은 부품, 센서 하나하나가 모두

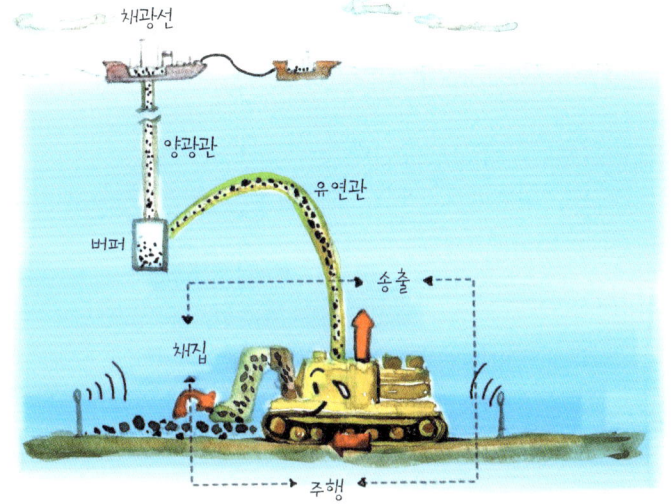

그림2
채광의 과정. 물제트를 쏘아 띄워 올린 망간단괴를 분리 수거하여 유연관으로 보낸 뒤 버퍼에 저장한다.

중요한 역할을 차지한다. 만약 부품이 고장 나거나 센서가 잘못 작동한다면 모든 작업을 중단하고 기계 전체를 회수해야만 한다. 따라서 이러한 문제에 미리 대처하기 위해서는 로봇 집광기에 대한 기술과 연구가 뒷받침되어야 한다. 우주선을 쏘아 올리기 전에 이를 구성하는 모든 부품들의 안전과 신뢰성에 주의를 기울이듯, 로봇 집광기의 개발에서도 세밀한 주의와 노력이 똑같이 필요하다.

그림3
로봇 집광기는 작은 부품, 센서 하나하나가 모두 중요하므로 이들의 안전과 신뢰성에도 세밀한 주의를 기울여야 한다.
사진은 로봇 집광기의 성능 시험 장면들. (시계 반대 방향으로) 채집 장치 자세 제어 시험, 선회 주행 성능 시험, 채집 성능 시험.

심해 5천 미터에서 끌어 올리기

 수심 5천 미터가 넘는 바다 밑바닥에서 어떻게 해저 광물들을 끌어올릴 수 있는 것일까? 함께 상상의 나래를 펼쳐 보자.

 바다 속 깊은 곳에서 망간단괴를 가져오기 위해 사람이 직접 바다 속으로 들어갈 수는 없다. 왜냐하면 바다 속의 수압은 수심이 10미터 깊어질 때마다 약 1기압씩 높아지기 때문이다. 사람이 잠수복을 입고 잠수할 수 있는 안전한 깊이는 40미터 정도이며, 지금까지 최대 잠수 기록은 약 130미터라고 한다. 따라서 해저의 망간단괴를 끌어올리기 위해서는 사람을 대신할 다른 무엇인가의 도움이 필요하다.

공기와 물의 힘을 이용하면 어떨까?

심해저의 망간단괴를 로봇 집광기로 채집한 뒤 해수면까지 끌어올리는 것을 '양광'이라고 한다. 그리고 양광의 방법에는 연속 버킷 양광, 수력 펌핑 양광, 공기 양광 등이 있다.

먼저 연속 버킷 방식은 일종의 통(버킷)을 매단 긴 줄을 심해저로 내려 보내 망간단괴를 담아 오는 방법이다. 그러나 이 방법은 대규모의 채광에는 적합하지 않다는 문제점을 갖고 있다.

그리고 1970년대 이후 실제 태평양 심해에서 시도된 적 있는 공기 양광과 수력 펌핑 양광 방식은 해저 집광기로 모아진 망간단괴를 양광관을 통해 물과 함께 끌어올리는 방법이다.

누구나 한 번쯤은 물이나 음료수를 마실 때 빨대로 공기를 불어 넣어 공기방울을 만들었던 경험이 있을 것이다. 이때 생기는

그림1
연속 버킷 양광. 통(버킷)을 매단 긴 줄을 심해저로 내려 보내 망간단괴를 담아 오는 방법이다.

그림2
공기 양광과 수력 펌핑 양광 시스템. 물과 함께 망간단괴를 끌어올리는 방법이다.

공기방울은 밀도 차이에서 생기는 것인데, 공기 양광은 바로 이러한 원리를 이용하고 있다. 즉 양광관 아래쪽에 공기 관을 연결한 후 압축 공기를 주입하면 물보다 밀도가 작은 공기방울이 위로 떠오르면서 물과 망간단괴를 함께 수송하게 되는 것이다.

공기 주입관을 이용하는 공기 양광과 달리 수력 펌핑 양광은 여러 개의 대용량 펌프를 양광관 중간에 설치하고 펌프를 가동시켜 바닷물과 함께 망간단괴를 끌어올리는 방식이다. 이러한 방식은 공기 양광에 비해 효율성이 높아서 대부분의 나라에서는 이 방식을 채택하고 있다. 현재 우리나라도 심해저 망간단괴 개발을 위해 수력 펌핑 양광 시스템을 연구·개발 중이다.

1시간에 500톤, 노다지 끌어올리기

수력 펌핑 양광 시스템은 해저의 집광기와 양광관 아래쪽의 버퍼를 연결하는 유연관, 양광관의 안정성을 높이고 망간단괴의 공급량을 조절하는 버퍼 시스템, 버퍼에서 선박을 연결하는 장거리 양광관, 그리고 양광관 중간에 설치되어 버퍼에서 보내는 망간단괴를 끌어올리는 양광 펌프로 구성된다.

집광기에서 채집된 망간단괴는 지름이 1센티미터에서 25센티미터까지 다양한 크기를 가지고 있다. 만약 망간단괴의 크기가 너무 크면 유연관이나 양광관이 막힐 수 있으므로 망간단괴를 버퍼로 보내기 전에 적절한 크기로 분쇄해야 한다.

집광기가 해저 바닥을 자유롭게 운행하면서 더 많은 망간단괴를 채집하기 위해서는 해류에 견딜 수 있는 유연한 관이 필요하다. 단단한 파이프를 이용하면 오히려 쉽게 부러질 우려가 있기 때문이다. 따라서 단단한 파이프 대신 유연관을 사용하여 망간단괴를 수송한다.

버퍼는 이렇게 모아진 망간단괴를 일정한 속도로 양광관에 공급하는 역할을 한다. 이때 한꺼번에 망간단괴를 너무 많이 보내게 되면 이를 끌어올려야 하는 펌프가 힘들어하거나 막힐 수 있으므로 공급 속도를 일정하게 유지하는 것이 중요하다.

버퍼의 기능 가운데 중요한 또 하나는 선박에서부터 심해저 5

그림3
1970년대 미국에서 심해저 자원 개발을 위해 건조한 글로마 익스플로러호. 침몰된 소련 핵잠수함 회수에 사용된 선박으로, 총 길이가 200미터에 육박한다.

천 미터에 이르는 양광관의 안정성을 유지하는 것이다. 예를 들어 손에 실을 묶어서 늘어뜨린 채 바람이 부는 곳에 서 있으면 실은 수직으로 유지되지 못하고 끊임없이 흔들린다. 그럼 실 끝에 조그만 조약돌을 달아 보면 어떻게 될까? 조약돌을 매단 실은 어느 정도의 바람에도 흔들림 없이 직선을 유지하게 된다. 바다 속에서도 마찬가지다. 바다 속에는 실을 흔들리게 하는 바람과 같은 해류가 있고, 이는 해수면 위에 있는 선박을 움직이도록 만든다. 버퍼와 연결된 유연관의 끝에서는 집광기가 열심히 망간단괴를 채집하고 있기 때문에 아무리 튼튼한 파이프라 하더라도 흔들리지 않을 수 없다. 또한 심한 경우에는 끊어져 버리게 된다. 그렇기 때문에 버퍼는 양광관을 수직으로 유지할 수 있을 정도의 무게를 가진다.

그림4
심해저 5천 미터에서 해저 광물을 끌어올리는 일이 쉬운 일은 아니다.
사진은 한국지질자원연구원 심해저 광물자원 양광 실험동.

버퍼는 장비 전체 크기에 비해 매우 작은 부분이지만 전체 장비들이 안정적으로 작동할 수 있도록 도와주는 중요한 장치이다.

버퍼에서 보내진 망간단괴는 양광관 중간에 설치된 펌프에 의해 해수면 위로 끌어올려진다. 이때 망간단괴는 1초당 5미터 정도의 속도로 물과 함께 이동하는데, 이를 무게로 표시하면 1시간당 약 500톤가량의 노다지를 끌어올리는 것과 같다.

지금까지 살펴본 것처럼 심해저 5천 미터에서 망간단괴를 끌어올리는 과정이 그저 간단하고 손쉬운 작업만은 아니다. 따라서 해저에서 채광선까지 망간단괴를 끌어올리기 위해서는 끊임없는 기술 개발 노력이 필요하다. 그래서 한국지질자원연구원에서는 전체 양광 시스템을 소규모로 축소하여 실험을 하고, 실험 결과를 토대로 전체 양광 시스템을 설계·제작하고 있다. 아마도 이 글을 읽고 있는 청소년들이 어른이 되었을 때에는 이러한 노력이 결실을 맺어, 태평양에서 망간단괴, 망간각, 열수 광상과 같은 자원을 개발하는 자원 대국이 되어 있지 않을까? 자, 미래의 자원 강대국으로 성장할 대한민국을 다 함께 기대해 보자.

바다에서 육지까지, 미래를 나르다

 육지에서 화물이나 사람을 운반하는 수단에는 여러 가지가 있다. 가축이나 수레를 이용할 수도 있고, 자동차나 기차, 비행기를 이용할 수도 있다. 그렇다면 육지에서 멀리 떨어진 망망대해의 경우는 어떨까? 바다에서도 육지와 같은 운송 수단을 사용할 수 있을까?

 누구나 알다시피 바다 위에는 고속도로나 철도, 비행장과 같은 교통 기반 시설이 없다. 만약 바다 위에 이러한 시설이 있다면 해저 광물자원을 수송하는 일은 전혀 문제가 되지 않을 것이다. 하지만 바다 위에 도로와 철도를 만드는 일은 거의 불가능하며, 물 위에 떠 있는 비행장을 만드는 일에는 어마어마한 액수의 돈이 든다. 그렇다면 해저에서 채굴한 자원은 어떻게 운반할까? 답은 바로 '배'이다.

배는 해저 광물자원을 수송하는 최고의 효율적인 운송 수단이다. 물 위에 뜰 수 있다는 배의 특성은 깊은 심해에서 채취한 광물자원과 연구용 시료를 운반할 수 있도록 길을 열어 주었다. 만약 배가 없었더라면 제아무리 귀중한 망간단괴나 망간각 같은 금속광물이라 하더라도 아무 가치 없는 무용지물이 되었을 것이다. 그러므로 여기에서는 배의 역사와 종류, 역할에 대해 좀 더 자세히 알아보기로 하자.

파피루스 갈대배에서 초대형 화물선까지, 배의 역사

배(Vessel)는 '물 위에 떠다니며 사람이나 짐 따위를 실어 나르게 만든 탈것'으로 정의할 수 있는데, 흔히 '선박'으로도 부른다. 배의 특성으로는 물 위에 뜨는 '부양성'과 짐을 실을 수 있는 '적재성', 그리고 자유롭게 움직이며 다닐 수 있는 '이동성'을 대표적으로 꼽을 수 있다. 보통 큰 배를 가리켜 영어로는 '십(Ship)', 한자어로는 '선박(船舶)'이라 하고, 작은 배의 경우 '보트(Boat)' 또는 '주정(舟艇)'이라 한다.

배는 가장 역사가 긴 운송 수단의 하나이다.* 배의 역사는 기원전 5000년경 인류의 지식이 발달하면서 함께 시작된 것으로 보인다. 특히 메소포타미아, 이집트, 인더스, 황하 등 인류 문명의

*인류 최초의 배? 인류 최초의 배는 기원전 5000년경 이집트 나일강 하구에서 파피루스라는 풀을 엮어 만든 갈대배라고 한다.

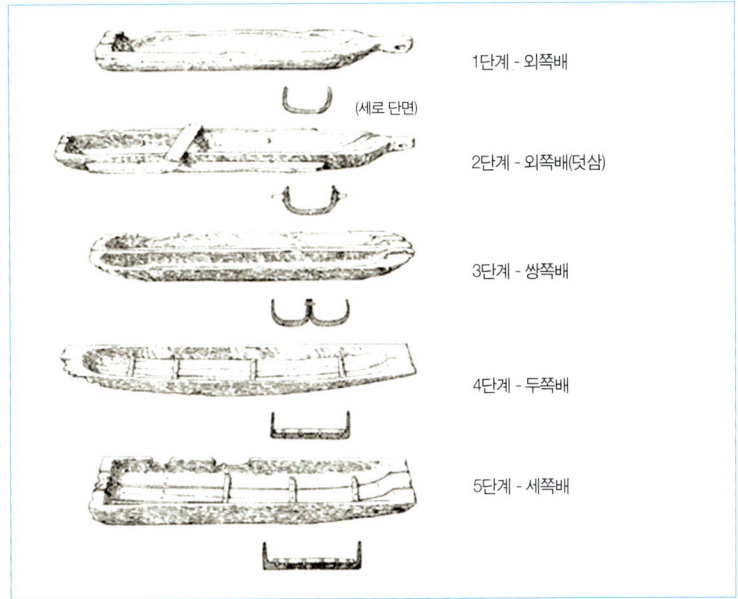

그림1
통나무 쪽배의 발달. "푸른 하늘 은하수~ 하얀 쪽배엔~." 우리에게 정겨운 동요 「반달」에도 등장하는 쪽배는 그 역사가 무려 5천 년이나 된다.

발상지에서는 일찍부터 배가 발전하기 시작하였는데, 이곳들은 모두 큰 강의 유역에 위치하며 바다와 가까이 있어 물을 이용하기가 유리한 지역이었다. 따라서 일찍부터 사람과 물자를 운송하면서 상업이 발달할 수 있었다.

초기의 배는 나무나 풀 등을 엮어서 만든 뗏목(Raft)의 형태를 하고 있다. 그 후 통나무 속을 파내서 만든 쪽배(Dugout)를 거쳐 기원전 15세기경에는 조립선(Ship)의 형태로 발전하였다. 조립선은 나무를 견고하게 짜 맞추어서 배의 골격을 만들고, 이것에 외판과 갑판을 붙여서 만든 배이다.

서양 선박의 발전을 살펴보면, 에게 해를 지배하는 자가 세계를 지배하던 그리스 초기 트로이 원정(기원전 1237년) 때의 선박을 시작으로, 그리스·로마 시대를 거치면서 목선은 점차 크고 견고해진다. 특히 노의 발명은 배의 추진력과 규모를 획기적으로 발전시킨 원동력이 되었는데, 대표적인 예로 로마의 갤리선을 들 수 있다. 갤리선은 처음으로 용골(Keel)*을 적용한 선박으로서, 배의 옆에 많은 노를 달아서 배를 저을 수 있도록 설계되었다. 그리고 북유럽에서는 8세기부터 스칸디나비아 지방에 정착한 노르만인들이 배의 앞과 뒤가 가늘고 뾰족한 바이킹선을 개발하여 지중해까지 진출하였다.

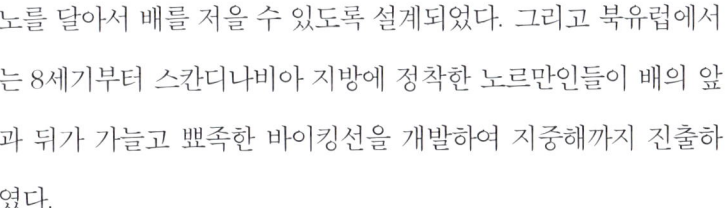

그림2
노르웨이의 바이킹선. 8세기부터 스칸디나비아 지방에 정착한 노르만인들은 배의 앞과 뒤가 가늘고 뾰족한 바이킹선을 개발하여 지중해까지 진출하였다.

15세기는 대서양을 횡단하고 신대륙을 발견하던 시기로, 배 위에 돛을 세워 바람의 힘으로 항해하는 대형 범선이 출현하였다. 그리고 현대적인 선박은 20세기에 들어와서야 발달하였는데, 배의 재료가 나무에서 강철로 바뀌고, 추진 동력이 돛에서 증기기관으로 바뀌면서 지금과 같은 형태를 갖추기 시작하였다. 특히 제2차 세계대전 이후 증기를 이용한 증기기관 대신 열효율이 좋은 디젤기관이 개발되면서 배의 속도가 더욱 빨라졌고, 배를 건조하는 데 블록 조립 공법과 리벳 이음* 대신 용접 기술이 도입됨으로써

*용골(Keel) 배의 중심선을 따라 배 밑을 배의 머리에서 꼬리까지 꿰뚫은 부재. 길이 방향의 강도를 결정하는 중요한 부분이다.

*리벳 이음 선체의 철판과 철판 사이를 겹치게 포개어 리벳(금속못)을 망치로 두들겨 붙이는 방법

전라좌수영 거북선의 복원 모형   판옥선의 복원 모형

그림3
거북선과 판옥선은 우리나라의 대표적인 배이다.

*옥선(누선 또는 누각선)
갑판 위에 얇은 판자(오동나무)로 집(누각) 모양을 만들어 선원들이 안전을 기할 수 있도록 만든 배

더욱 큰 배를 더 빠른 시일 내에 만들 수 있게 되었다.

우리나라의 대표적인 선박으로는 조선시대의 거북선과 판옥선을 들 수 있다. 거북선은 임진왜란 때 이순신 장군이 고안해 만든 세계 최초의 '돌격용 철갑 전선(戰船)'으로, 거북 모양의 등 위에는 창칼을 꽂고 배의 좌우에는 각 6개의 대포 구멍을 내었다. 판옥선은 명종 때를 전후해서 왜적이 옥선*으로 침범하자 이에 대응하기 위해 1555년에 만든 배로, 갑판 위에 방패판을 집 모양으로 설치한 '판옥'이라는 구조물 때문에 판옥선이라는 이름이 붙었다. 뛰어난 기동성과 견고함을 갖춘 판옥선은 임진왜란 때 거북선과 더불어 많은 활약을 하였다.

화물선에서 군함까지, 배의 종류

선박은 그 목적에 따라 크게 상선, 군함, 어선, 특수 작업선 등으로 구분할 수 있다.

그중 상선은 해상 수송의 가장 대표적인 수단으로, 화물이나 사람들을 운반하여 운임 수입을 얻을 목적으로 만든 선박을 말한다. 이것은 다시 화물선과 여객선으로 나뉘는데, 이름 그대로 화물선은 화물의 운송을, 여객선은 사람의 운송을 목적으로 한다.

화물선은 많은 양의 화물을 안전하고 신속하게 운송할 수 있도록 설계되어 있다. 화물선의 종류를 다시 세밀하게 나누어 보면, 우리 생활에 필요한 석탄, 곡물, 철광석 등을 운반하는 '산적

그림4
대우조선해양에서 건조한 컨테이너 운반선. 컨테이너 운반선은 화물을 컨테이너에 넣어 운송하는 선박이다.

그림5
대우조선해양에서 건조한 원유 운반선. 45만 톤 원유를 운송할 수 있는 세계 최대의 규모를 자랑한다.

화물선(Bulk Carrier)'과, 선적과 하역 작업을 좀 더 편리하고 신속하게 하기 위해 화물을 컨테이너에 넣어 운송하는 '컨테이너 운반선(Container Ship)', 원유를 운반하는 '원유 운반선(Crude Oil Tanker)', 그리고 정제된 석유화학 제품을 나르는 '정유 운반선(Product Carrier)' 등이 있다. 특히 청정 연료인 액화천연가스나 액화석유가스를 운반하는 선박은 특별한 온도나 압력 조건을 갖춘 화물 창고를 설치해야 한다.

여객선도 객선, 화객선, 카페리선(Car Ferry) 등의 여러 종류가 있다. 객선은 주로 사람을 실어 나르는 배로서, 일정 지역을 정기적으로 운항하는 정기 여객선과 그렇지 않은 부정기 여객선으로 나뉜다. 예를 들어 세계 여러 지역을 관광하기 위해 일시적으로 운항하는 호화 유람선이 부정기 여객선에 속한다. 그리고 화객선은 사람과 화물을 동시에 운반하는 배이며, 카페리선은 사람과 자동차를 싣고 일정 지역을 정기적으로 운항하는 배이다.

다음으로 군함을 보자. 군함은 물론 군사용 목적으로 만든 배로, 구조가 견고하고 여러 가지 충실한 병장을 갖추어야 한다. 군함은 크게 물 위에서 활약하는 '수상함'과 물속에서 활약하는 '잠수함'으로 나눌 수 있다.

수상함 중 항공모함은 전투기나 헬기를 싣고 일종의 이동식 수상 항공기지 역할을 하며, 세계 전역에서 독자적인 전투 수행 능력을 확보하기 위한 군함이다. 그리고 순양함은 독자적인 전투 능력을 갖추었을 뿐만 아니라 충분한 군수품을 싣고 대양을 왕복 항해하면서 작전할 수 있는 능력을 갖춘 배이다. 그 밖에도 구축함, 호위함, 초계함, 고속정, 상륙함, 기뢰함, 지원함 등 군함의 종류만 해도 셀 수 없이 다양하다.

마지막으로 특수 작업선은 특수한 작업을 하기 위해 만든 배이

그림6
대우조선해양에서 건조하여 우리나라 해군이 보유하고 있는 구축함. 구축함은 잠수함을 공격하기 위한 전함이다.

그림7(왼쪽)
한진중공업에서 건조한 준설선. 준설선은 바다나 강바닥의 모래와 자갈을 퍼내는 선박이다.

그림8(오른쪽)
한국해양연구원에서 발주하여 STX조선에서 설계 중인 쇄빙선. 두께 1미터의 얼음을 깰 수 있는 6천 톤급 선박이다.

다. 극지방에서 얼음을 부수어 항로를 만드는 쇄빙선, 바다나 강바닥의 모래를 제거하는 준설선, 원유를 시추하는 시추선, 해상에서 원유를 채굴하여 정제·저장하는 등의 기능을 가진 '부유식 원유 생산 저장 설비선(FPSO)' 등이 있다.

배 위에 지은 공장, 부유식 생산 설비

그렇다면 심해의 광물자원은 어떻게 운송할까? 광물자원을 육지로 수송하기 위해서는 배를 이용하는데, 크게 두 가지 방법이 있다. 하나는 채굴된 광물을 가공하지 않은 상태 그대로 육지의 제련소로 보내는 방법이며, 다른 하나는 부유식 생산 설비를 이용해 바다 위에서 광물자원을 제련*한 후 필요한 금속만 수송하는 방법이다. 심해저 광물자원을 수송하는 데는 한 번에 대량으로 수송하

*제련 광석에서 철, 납, 구리 등의 금속을 필요한 순도로 추출하여 다듬는 작업 과정

는 것이 가장 경제적일 것이다. 따라서 어떤 종류의 선박을 이용할 것인가는 실어 나를 화물의 종류에 따라 달라진다.

　현재까지의 부유식 석유 생산 설비는 바다 위에 떠 있는 상태에서 심해 석유를 생산하기 위해 건조된 설비로서, 유정*에서 원유를 채굴하고 그 원유에서 물과 가스 같은 불순물을 분리·처리하는 설비를 갖춘 부유체(물 위에 떠다니는 설비)를 총칭한다. 부유식 석유 생산 설비는 그림9와 같이 다양한 크기와 형태를 가지고 있는데, 어떤 생산 설비를 이용할 것인가는 유정의 깊이와 유정 근처에 항상 위치하도록 하는 정박 방법에 따라 결정된다.

　이러한 설비들 가운데 심해 광물자원을 채광하는 데 가장 적합한 설비는 부유식 원유 생산 저장 설비선(FPSO) 형태의 구조물이다. 이것은 말 그대로 저장 탱크를 갖춘 거대한 배 위에 정유공

*유정 천연 석유를 찾아 뽑아 올리기 위해 판 우물

그림9
심해 석유를 채굴하는 다양한 설비.

장을 얹은 형태이다. 심해의 유전 지역에서 원유를 끌어올려 배 위에 설치된 정유공장에서 정제 과정을 거친 뒤, 배 밑의 거대한 탱크에 저장했다가 운반선으로 이송하는 것이다. 이 설비는 물 위에 떠 있으므로 이를 지지할 다리가 필요 없다는 장점이 있다. 즉 좀 더 깊은 바다의 원유를 채취할 수 있고, 채취가 끝난 후 바로 다른 유정으로 이동할 수 있는 것이다. 따라서 이러한 특징을 '심해 광물자원 부유식 생산 설비(DSM-FPSO)'에 활용한다면 10만 톤이 넘는 대량의 심해 광물을 채광, 정제, 저장, 하역할 수 있게 된다. 또한 넓은 갑판을 이용하여 여러 가지 정제 생산 설비와, 채광에 필요한 대단위의 발전 설비를 골고루 갖출 수 있다.

이제 이러한 설비가 갖추어야 할 조건에 대해 살펴보자. 우선 자체적인 추진력을 이용해 구조물의 위치를 제어할 수 있는 '능동형 위치 제어' 기능이 있어야 한다. 왜냐하면 이것은 배처럼 물 위에 둥둥 떠 있을 수는 있지만 엔진이 없어 스스로의 힘으로 항해할 수는 없기 때문이다. 따라서 뱃머리에 두 개, 그리고 배의 꼬리에 하나 또는 두 개의 추진기를 설치하여, 선박의 위치를 변경할 경우 키에만 의존하지 않고 더욱 정확하게 조종할 수 있도록 해야 한다. 또한 이 선박은 대양의 거친 해상 조건에서 장기간 작업해야 하므로 높은 파도와 센 바람에도 흔들리지 않도록 설계되어야 한다.

둘째로, 선박과 생산 설비의 통합이 이루어져야 한다. 채광을 위해 만들어진 갑판에는 광물 인양을 위한 양광 시스템, 제련 설비, 전력 공급을 위한 발전 설비 등 여러 가지 설비 시스템이 장착된다. 이러한 설비 시스템이 제 기능을 발휘하기 위해서는 선박과 설비를 통합하는 기술이 필요하다. 또한 심해 광물자원을 끌어올리는 양광관은 바다와 선박의 움직임에 따라 뒤틀리거나 압축되는 등의 변형이 일어나는데, 만약 너무 크게 변형이 되면 양광이 불가능해진다. 따라서 센서 기술을 이용해 양광관의 움직임을 정확하게 파악한 후 선박의 움직임을 적절히 조정해야 한다.

마지막으로 양광관을 해저에 설치하기 위해서는 선박의 앞쪽이나 중앙부에 커다란 구멍(Moonpool)을 뚫어야 하는데, 이로 인해 선박의 구조는 엄청난 영향을 받게 된다. 따라서 기능에 맞도록 구멍의 크기와 형상을 설계하는 것도 매우 중요하다.

그림10은 대우조선해양이 2004년 12월 아그바미사로부터 10

그림10
세계 최대의 아그바미 FPSO. 수심 1만 미터 해저까지 시추하여 석유를 생산할 수 있는 최첨단 부유식 생산 설비이다.

억 달러(약 1조 원)에 주문을 받은 FPSO로, 수심 3천 미터에서 1만 미터 해저까지 시추하여 석유를 생산할 수 있는 최첨단 부유식 생산 설비이다. 이 선박은 그 크기만 해도 길이 320미터, 폭 59미터, 깊이 32미터에 이르고, 배수량은 42만 톤, 자체 무게는 7만 톤이나 된다. 이 정도면 우리나라에서 하루에 쓰이는 원유의 양(230만 배럴)을 저장할 수 있는 규모이다. 또한 하루에 25만 배럴의 원유를 정제할 수 있으며, 이는 단일 규모의 해양 구조물 중 세계 최대라 할 수 있다.

심해 광물자원 운반 작전

심해 광물자원을 육지로 운반하기 위해서는 운반선이 필요하다. 광물 그대로 육지의 제련소로 운반하기 위해서는 광석 운반선이 필요하고, 부유식 생산 설비에서 제련을 거쳐 망간, 코발트, 니켈, 아연의 상태로 운반하기 위해서는 철광석 운반선 같은 선박이 필요하다. 특히 망간단괴는 무거울 뿐만 아니라 운반 거리가 멀어 상당한 시간이 걸리기 때문에 튼튼한 이중 선체의 운반선을 만들어야 한다. 태평양의 채광 설비에서 우리나라 항만까지의 거리는 약 5,800해리*나 되기 때문이다.

산적 화물선(Bulk Carrier)은 화물의 종류에 따라 선박의 형태

*해리 바다나 공중에서 긴 거리를 나타낼 때 쓰는 거리의 단위. 1해리는 1,852미터에 해당하나 나라마다 약간씩 다르다.

그림11
32만 톤급 철광석 운반선.
63빌딩을 바다에 뉘여 놓은 셈이다.

에 큰 차이를 보인다. 원래 벌크(Bulk)란 말은 포장하지 않은 원래의 물질 그대로를 말하며, 벌크선이라 하면 곡물, 석탄, 광석 등을 수송하는 선박을 총칭하는데, 수송하는 화물에 따라 곡물 운반선, 석탄 운반선, 광석 운반선이라 부른다.

그림11은 조선해양에서 만든 초대형 광석 운반선으로 32만 톤의 철광석을 운반할 수 있도록 설계되었다. 선박의 가격만 해도 2005년도 기준으로 1억 달러(약 1,000억 원) 정도이며, 길이 332미터, 폭 58미터, 깊이 30미터의 크기를 자랑한다. 또한 이 선박은 36,000마력의 디젤엔진을 사용하여 15노트*의 속력을 낼 수 있다. 이것을 육지의 구조물에 비유하면 63빌딩을 바다에 뉘여 놓고 항해를 하는 셈이다.

*노트 1노트는 1시간에 1해리를 달리는 속도

해저 광물의 연금술, 금속 만들기

지하자원이란 지각 속에 묻혀 있는 유용한 광물을 뜻한다. 우리나라는 '광물의 표본실'이라 불릴 정도로 많은 종류의 육상 지하자원이 매장되어 있긴 하지만, 경제성 있는 광물의 수가 적고 매장량이 부족하여 산업 발전에 필요한 광물은 대부분 수입에 의존하고 있는 실정이다. 이제 인류는 자원의 고갈이라는 심각한 문제에 부딪히게 되었다. 자원을 쓰려는 사람은 계속 늘어나는데 땅속에 묻혀 있는 자원의 양은 한정되어 있으니 자원이 고갈될 수밖에 없는 것이다. 그래서 세계 각국에서는 이 문제를 해결하기 위해 막대한 양의 해저 광물자원에 눈을 돌리고, 이를 개발하려는 계획을 구체화시키고 있다. 특히 광물자원이 절대적으로 부족한 우리나라가 주요 금속을 안정적이고 지속적으로 확보하기 위해서는 해저 광물자원 개발에 적극적으로 투자하고 노력하는 일이 반드시 필요하다.

구슬도 꿰어야 보배다

인류의 공동 유산이라고 하는 망간단괴는 구리, 망간, 니켈, 코발트 등 우리 생활과 산업에 유용한 다양한 금속 광물들을 함유하고 있다. 그러나 해저에서 망간단괴를 채광했다고 해서 이것을 바로 이용할 수 있는 것은 아니다. 망간단괴에 포함되어 있는 금속 광물 중 우리가 필요로 하는 광물들은 산소와 결합되어 있을 뿐만 아니라 여러 가지 다른 성분들과 같이 섞여 있기 때문이다. 따라서 우리가 사용할 수 있는 순수한 형태의 금속 또는 금속 화합물을 얻기 위해서는 여러 가지 처리 과정을 거쳐야만 한다.

또한 망간단괴는 육지에 묻혀 있는 광석과는 그 성질이 다르다. 망간단괴는 육지의 광석에 비해 여러 가지 가치 있는 금속들을 함유하고 있으나 무게가 가볍고, 마르면 쉽게 부서진다는 특성이 있다. 더욱이 망간단괴는 잘게 부수어 함량이 높은 광석들만 선별적으로 골라낼 수 있는 육지의 광석과는 달리 이러한 작업이 어렵다는 단점이 있다. 따라서 망간단괴에서 유용한 금속 광물을 얻기 위해서는 육지의 광석과 다른 제련 과정을 거쳐야 한다.

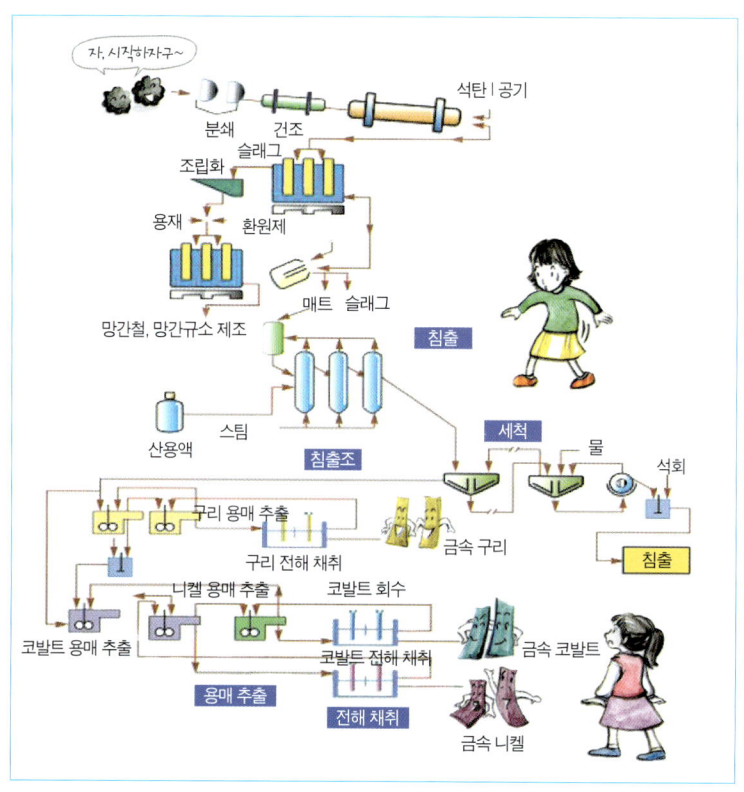

그림1
망간단괴에서 주요 금속을 만드는 방법.

　그럼 망간단괴에서 주요 금속을 어떻게 만드는지 간단히 살펴보자.

　망간단괴는 바다 약 5천 미터 아래에 자리해 있으며 육지 광물에 비해 높은 공극률*을 갖고 있다. 그래서 망간단괴가 함유하는 수분의 양은 전체 무게의 약 30퍼센트를 차지할 정도로 매우 많다. 그러므로 망간단괴에서 금속을 얻기 위해서는 먼저 물을 제거하는 작업이 필요하다.

*공극률 암석이나 퇴적물에서 공극(빈공간)이 차지하는 비율

우선 망간단괴를 햇볕에 말려 표면에 있는 대부분의 물기를 없앤 후, 다시 온도를 섭씨 800도 정도로 올려 광석 내부에 화학적으로 결합되어 있는 물도 완전히 제거한다. 이렇게 수분을 제거한 다음에는 금속을 추출하고 불필요한 성분을 없애기 위한 작업을 한다. 망간단괴를 크기 약 1~2밀리미터 정도로 잘게 부수어 석탄의 일종인 코크스와 함께 실리카, 석회석 등과 같은 용재를 첨가하여 섭씨 1,450도의 높은 온도로 전기로에서 녹인다.

이러한 과정을 거치면서 망간단괴 중의 무거운 물질들, 즉 구리, 니켈, 코발트, 철 등은 금속 합금의 형태로 바닥에 가라앉고, 망간과 그 밖의 다른 불필요한 물질들은 금속 찌꺼기(광재)로 위에 뜨게 된다. 이때 코크스는 구리, 코발트 등의 유용한 금속들과 결합되어 있는 산소를 분리시키는 일을 하고, 실리카와 석회석 등

그림2
망간단괴를 섭씨 1,450도의 높은 온도로 전기로에서 녹이고 있다.

의 용재는 광재들이 잘 녹아 쉽게 위로 떠오르도록 하는 역할을 한다.

그렇다면 금속을 걸러 내고 남은 찌꺼기인 광재는 모두 버리는 걸까? 물론 그건 아니다. 광재 속에는 유용한 광물 중 하나인 망간이 포함되어 있기 때문이다. 그러므로 전기로에서 또 다른 처리를 하여 철강이나 특수강의 원료로 쓰이는 망간합금철을 만든다. 그리고 이 과정에서 나오는 폐기물은 도로의 기초를 다지는 자갈 대용으로 유용하게 쓸 수 있다. 망간단괴를 전기로에서 녹이는 과정은 용광로에서 철광석을 녹이는 것과 같은 방식으로 하는데, 높은 온도에서 이루어지기 때문에 매우 위험하고 힘든 작업이다.

이렇게 얻어진 구리, 니켈, 코발트, 철 등을 함유한 금속 합금은 각각의 금속으로 분리하기 위하여 다시 복잡한 처리를 거친다. 이들 금속들을 분리하기 위해서는 먼저 황산으로 녹여야 하는데, 전기로에서 만들어진 금속 합금은 매우 단단하여 황산에 잘 녹지 않는다. 그럼 이것을 가루로 만들어 보면 어떨까?

과학 시간에 각설탕 실험을 해 본 적이 있을 것이다. 각설탕을 가루로 만들어 물에 넣으면 물과 접촉하는 면적이 넓어 더 빨리 녹는다는 실험 말이다. 이것은 물질을 용해*시킬 때면 어김없이 적용되는 일반적인 법칙이다. 따라서 금속 합금을 잘게 부수어 황산 용액에 넣으면 가루로 만든 각설탕과 같이 더욱 빨리 녹게 될 것이다. 그러나 안타깝게도 망간단괴에서 얻은 금속 합금은 너무

*용해 기체 또는 고체가 액체 속에서 녹아 용액이 되는 현상

그림3
매트를 황산으로 녹이는 오토클레이브 장치.

단단하여 부수기마저도 어렵다. 이러한 문제를 해결하기 위하여 고안된 것이 바로 '매트'이다. 매트는 용융* 상태의 금속 합금에 유황을 첨가하여 금속과 황의 화합물 형태로 만든 물질로서, 금속과 광석의 중간 성질을 가지고 있어 비교적 잘 부수어진다. 따라서 금속 합금을 매트로 만들어 잘게 부순 후 오토클레이브라는 특수 용기에 황산과 함께 넣고 용해시킨다.

오토클레이브는 압력밥솥과 비슷한 구조로 설계되어 있어 높은 온도와 압력을 이용해 매트를 잘 녹일 수 있다. 이때의 온도는 섭씨 약 150도, 압력은 약 10기압이나 된다. 그리고 오토클레이브는 티타늄이라는 특수한 금속으로 만든 용기를 사용하는데, 티타늄은 높은 온도의 황산에서도 잘 견딜 수 있어서 용기가 황산 용액에 녹는 것을 방지한다. 이렇게 매트를 특수 용기에서 처리하는 과정에서 구리, 니켈, 코발트는 황산 용액에 용해된다. 그리고 철

*용융 고체가 가열되어 액체로 변하는 현상

그림4
금속들을 분리하기 위한 용매 추출 장치.

은 산화철이라는 고체 형태로 가라앉는데 이 산화철은 페인트용 원료로 사용된다.

다음 처리는 황산 용액에 녹아 있는 구리, 니켈, 코발트를 분리하는 과정이다. 이 세 가지 금속은 성질이 비슷하기 때문에 분리하기가 매우 어려워 특별한 방법을 이용해야 한다. 어떤 특별한 기름들은 특정 금속만 흡수하는 성질을 갖고 있는데, 이러한 성질을 이용하여 원하는 금속만 따로 추출해 내는 것이다. 이러한 방법을 가리켜 '용매* 추출법'이라고 한다.

용매 추출법을 이용해 각각의 금속을 분리해 내는 과정을 좀 더 자세히 살펴보자. 구리, 니켈, 코발트가 함께 녹아 있는 황산 용액에 LIX84라는 특수한 기름을 섞으면 용액 중의 구리만 기름 속으로 흡수되고 니켈과 코발트는 황산 용액 중에 그대로 남게 된다. 기름은 용액에 섞이지 않고 위에 뜨는 성질이 있으므로 이 두

*용매 어떤 액체에 물질을 녹여서 용액을 만들 때 그 액체를 가리키는 말

물질을 서로 분리시킨 후에, 기름 중에 섞여 있는 구리를 따로 회수한다. 그리고 황산 용액에 남아 있는 코발트와 니켈도 이와 같은 방식을 이용하여 순수한 니켈, 코발트 용액으로 얻는다.

이제 마지막으로, 용액으로 녹아 있는 이들 금속 이온들을 고체 형태의 금속으로 만드는 절차만 남았다. 고체 형태의 금속을 얻기 위해서는 '전해* 채취법'이라는 기술을 사용하는데, 이것은 용액에 전기를 흘려 주어서 용액 중의 금속 이온이 음극판에 달라붙게 하는 방법이다. 이처럼 망간단괴에 함유된 주요 금속들을 제련하는 데는 매우 복잡하고 어려운 기술들이 필요하다.

우리에게 남은 과제는?

이제 우리는 망간단괴에서 생활에 유용한 주요 금속들을 만들 수 있게 되었다. 그러나 망간단괴를 제련하기 위한 연구는 끝이 아니라 이제 시작이다. 아직도 우리에게는 많은 과제가 남아 있기 때문이다.

첫째, 황산 용액에 섞여 있는 각각의 금속들을 분리할 수 있는 새로운 용매를 개발해야 한다. 현재 사용되고 있는 특별한 기름들은 값이 매우 비싸기 때문에 금속을 제련하는 데 너무 많은 비용이 든다. 따라서 좀 더 값이 싸고, 금속을 더 많이 흡수할 수 있는

*전해 '전기 분해'의 줄임말

용매를 개발하는 데 힘써야 한다.

둘째, '전해 채취법'은 너무 많은 양의 전기가 필요하다. 그러므로 전기를 적게 사용할 수 있는 방법을 개발해야 한다.

셋째, 순도가 높은 금속을 만드는 기술 역시 매우 중요하다. 예를 들어 구리의 경우, 순도가 99.999퍼센트인 것은 99.99퍼센트인 것보다 값이 다섯 배 이상이나 비싸다.

넷째, 니켈, 코발트 등은 금속 외에도 금속 도금의 화합물 형태로도 많이 이용되기 때문에, 이들을 제조하는 기술 개발에 관해서도 연구가 필요하다.

마지막으로, 현재 망간단괴를 연구하고 활용하는 데 드는 전체 비용 중 금속을 만드는 데 드는 비용이 약 60퍼센트 이상을 차지하는데, 이것이 좀 더 시장성을 갖추기 위해서는 더욱 경제적인 새로운 기술을 시도해야 할 것이다. 이 밖에도 우리가 풀어야 할 과제는 아직도 많이 남아 있다.

망간단괴에서 금속들을 만들기 위한 초기의 연구는 주요 금속들을 얼마나 많이 회수할 것인가에 관심을 가졌다. 그러나 오늘날에는 제조 과정에서 유해한 가스와 폐수가 적게 발생하고, 폐기물을 다른 용도로 재활용할 수 있는 친환경적인 방법을 개발하는 것이 더욱 중요하게 인식되고 있다. 즉 환경을 오염시키지 않기 위하여 한번 사용한 화학약품을 다시 사용하며, 인간과 환경에 무해한 폐기물을 만드는 방법 또는 폐기물을 재활용할 수 있는 기술

등을 확보하는 데 연구 초점을 맞추고 있는 것이다.

우리나라는 포항제철, LS니코동제련, 고려아연 등 세계적인 제련 공장과 기술력을 갖추고 있다. 이러한 기술력을 바탕으로 국책 연구소인 한국지질자원연구원에서는 망간단괴에서 주요 금속을 만드는 친환경적 기술 개발에 박차를 가하고 있으며, 머지않아 세계 최고 수준의 기술을 보유하게 될 것이다.

심해, 그 신비의 세계 속으로

심해 생물과 심해 환경 탐험하기

판도라의 상자, 심해 생물의 비밀
판도라의 상자를 열면 무엇이 나올까? 심해 생물 관찰하기 심해 세계 탐험하기 심해의 오아시스, 열수 분출공의 발견

지구의 기억을 간직한 심해의 퇴적층
바람과 생물 잔해, 그리고 떠다니는 입자들 지구 역사의 수수께끼를 푸는 열쇠 우리나라 광구에는 어떤 퇴적물이 있을까?

깊은 바다 속, 물의 여행
1,600년의 시간 여행 물속의 먹이사슬 지구 원소의 표본실 물의 여행 따라가기

판도라의 상자, 심해 생물의 비밀

바다는 그 끝과 깊이를 짐작할 수 없을 정도로 넓고도 깊은 미지의 세계이다. 예부터 많은 사람들의 관심과 호기심의 대상이 되어 왔으나 아직까지도 그 실체가 완전히 밝혀지지 않은 바다! 빛의 세계에 익숙한 인간에게 암흑으로 가득한 심연의 바다는 그야말로 열고만 싶은 판도라의 상자와 같다.

바다에 대한 관심은 바다를 소재로 한 신화나 전설에서도 엿볼 수 있다. 오랜 옛날부터 사람들은 신비하고도 거대한 바다에 대해 관심과 두려움을 가지고 수많은 상상 속 바다 괴물을 만들어 냈다. 무시무시한 바다뱀이 사람을 잡아먹고, 거대한 오징어와 문어가 배를 침몰시키는 이야기가 바로 그것이다. 이러한 이야기는 아직도 심심치 않게 전해 내려오고 있으며, 실로 지금도 바다 괴

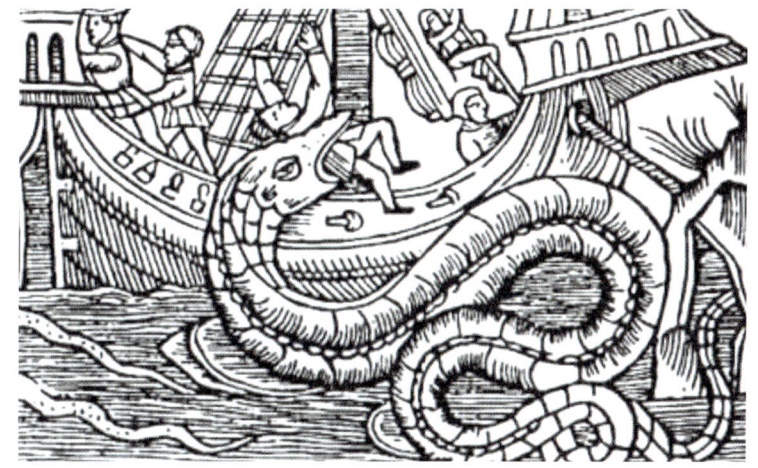

그림1
해저 괴물 삽화. 오랜 옛 날부터 사람들은 신비하고도 거대한 바다에 대해 관심과 두려움을 가지고 수많은 상상 속 바다 괴물을 만들어 냈다.

물의 정체를 확인하기 위한 연구가 계속 시행되고 있다. 이는 과학기술이 발전한 오늘날에도 바다 속 깊은 곳, 즉 심해의 세계는 여전히 신비한 장소로 남아 있다는 증거이다.

그러나 이제 인류에게 바다 속 세계는 막연히 두렵기만 한 존재는 아니다. 그동안 수행된 심해 탐사 결과, 해저 공간은 점점 신비의 베일이 벗겨지고 있기 때문이다. 그럼 지금부터 이 흥미롭고 신비한 바다 속 세계를 여행해 보자.

판도라의 상자를 열면 무엇이 나올까?

깊은 바다 속은 어떤 모습일까? 바닥을 알 수 없는 저 깊은 바다 속에는 무엇이 살고 있을까? 누구나 한 번쯤 이러한 질문을 해 보았을 것이다. 심해에 대한 호기심을 품고 떠나는 호기심 여행! 다 함께 잠수정을 타고 바다 밑바닥으로 내려가 보자.

바닷물 속으로 들어가 보면 온통 파란 빛깔의 세상과 만나게 된다. 그러나 바다 속 어디서나 푸른빛의 똑같은 모습을 하고 있는 건 아니다. 바다는 깊이에 따라 그 환경이 달라지는데, 이에 따라 그곳에 살고 있는 생물의 종류와 모습도 함께 달라진다.

바다의 환경은 특히 햇빛의 양과 관련이 깊다. 먼저 햇빛이 잘 드는 얕은 바다에는 해조류나 눈에 보이지 않는 아주 작은 식물플랑크톤이 살고 있다. 식물플랑크톤은 육지의 풀이나 나무처럼 햇빛을 이용해 광합성을 하기 때문에, 이들이 살고 있는 곳에는 먹이가 풍부해서 많은 해양 생물들이 살고 있다. 즉 광합성의 결과 동물이 먹을 수 있는 영양 물질이 만들어지게 되고, 그 덕분에 바다 표면 근처에는 식물플랑크톤을 먹고 사는 동물플랑크톤과, 또 동물플랑크톤을 먹고 사는 물고기들이 많이 살게 되는 것이다.

이제 좀 더 깊은 바다 속으로 들어가 보자. 수심이 깊어지면 깊어질수록 햇빛은 점점 줄어들어 주변이 어스름해진다. 이는 바다 표면을 투과한 햇빛이 물에 흡수되어 점점 약해지기 때문이다. 햇빛이 약해지니 식물플랑크톤이 줄어들고, 먹이사슬에 따라 이를 먹고 사는 동물들도 줄어들게 된다. 이처럼 바다는 깊이에 따라 그 모습이 달라진다.

흔히 식물이 광합성을 하기에 충분한 빛이 있는 곳을 유광층(0~200미터)이라 하며, 그 아래쪽에 어스름한 빛이 있는 곳을 박광층 또는 약광층(200~1,000미터)이라고 한다. 그리고 박광층 아래에 빛이 전혀 없는 암흑의 세계를 가리켜 무광층(1,000미터 이상)이라 부른다. 바다의 표층은 충분한 햇볕으로 바닷물이 데워져 온도가 높지만, 바다 속으로 내려갈수록 바닷물은 점점 차가워진다. 심지어 깊은 바다 밑바닥은 냉장고 속보다 더 추울 정도이다. 그리고 수심이 깊어질수록 어둡고 추워지는 것과 동시에 압력은 점점 커지게 된다. 수심이 깊은 곳에서는 더 많은 바닷물이 내리누르기 때문이다.

심해 생물 관찰하기

그렇다면 바다 속 빛이 없는 곳에서도 생물이 살 수 있을까? 만약 살고 있다면 그 생물은 어떤 모습을 하고 있을까? 이번에는 바다 속 생물들에 대해 살펴보도록 하자.

심해의 환경은 생물들이 살기에 조건이 그리 좋지 않다. 따라서 그들이 살아남기 위해서는 각 환경에 적합한 모습을 하고 있어야 한다. 먼저 빛이 어스름하게 들어오는 박광층의 생물들은 눈이 매우 크다. 이는 먹이를 잘 알아볼 수 있도록 환경에 적응한 결과이다. 또한 이곳에 사는 생물들은 자신을 잡아먹으려는 포식자의 눈에 띄지 않도록 몸이 투명한 게 많다. 대표적인 예로 유리오징어와 문어를 들 수 있는데, 이들은 몸이 투명하기 때문에 거의 보이지 않는다. 이와는 달리 스스로 빛을 내서 위장하는 생물도 있다. 예를 들어 도끼고기는 배 주위에 있는 발광세포에서 빛을 내기 때문에 희미한 수면 배경과 어울려 눈에 잘 띄지 않는다.

수심 1천 미터 아래로 내려가면 희미한 빛조차 없는 어둠의 세계가 펼쳐진다. 이곳 무광층은 수압이 바다의 표면보다 100배 이상이나 크며, 수온은 섭씨 2~3도로 매우 차다. 이곳에는 빛이 없으므로 생물들이 몸을 투명하게 하거나 빛을 내서 위장할 필요가 없다. 따라서 대부분의 동물들은 검은색이나 검붉은색을 띤다. 또 심해에는 먹이가 많지 않으므로 이곳 생물들은 먹이를 잘 잡을 수 있는 뛰어난 사냥꾼이 되어야 한다.

풍선장어나 귀신고기의 경우, 자신보다 큰 먹이를 잡아먹을 수 있도록 입이 크고, 한번 잡은 먹이는 놓치지 않기 위해서 독사처럼 날카로운 이빨이 안쪽으로 휘어져 있다. 이것은 대부분의 심해 생물이 갖고 있는 특징이다. 그래서 심해에는 무시무시한 모습을 한 물고기들이 많다.

또 직접 먹이를 유인해 잡아먹는 물고기들도 있다. 심해아귀는 이마에 난 낚싯대 모양의 돌기에서 빛을 내어, 이를 보고 다가오는 먹이를 잡아먹는다. 정말 놀랍고 신비한 능력이 아닐 수 없다.

심해아귀의 또 다른 특징으로는 짝짓기를 들 수 있다. 수컷 심해아귀는 암컷을 만나면 암컷의 배에 달라붙어 한 몸이 되어 버리는데, 이 둘은 죽을 때까지 평생 붙어 다닌다. 이것 역시 심해 환경과 관련되어 나타나는 특징이다. 심해에서는 생물들의 수가 많지 않아서 짝을 찾기가 힘들기 때문이다. 암컷보다 훨씬 작은 심해아귀의 수컷은 정자를 제공하는 역할만 하고, 영양 공급을 비롯한 모든 것은 암컷에 의존한다.

바다 속에서는 수심 10미터를 내려갈 때마다 압력이 1기압씩 높아진다. 즉 수심 1,000미터에서는 수압이 100기압이 되고, 수심 10,000미터에서는 수압이 1,000기압이다. 1,000기압이면 손톱 위에 승용차 한 대를 올려놓은 것과 같은 압력이다. 그렇다면 심해 생물들은 이렇게 높은 압력을 어떻게 견디는 걸까?

그림2
심해 생물의 흔적. 심해의 퇴적물에는 여기저기 동물들이 파 놓은 구멍이나 기어간 흔적이 남아 있다.

*부레 물에 뜨고 가라앉는 것을 조절하는 얇은 공기주머니. 물고기 종류에 따라서는 청각이나 평형감각 기관의 역할을 하며, 발음이나 호흡 등의 작용과도 연관을 가지고 있다.

*무척추동물 척추동물 이외의 모든 동물을 통틀어 이르는 말. 진화가 늦고 원시적이며 하등한 동물들로, 척추(등뼈)를 갖고 있지 않다. 연체동물이나 극피동물 등이 여기에 속한다.

먼저 심해 물고기는 부레*가 퇴화한 대신 몸 안에 기름을 축적하여 부력 조절을 한다. 액체(기름)는 기체(공기)에 비해 수축이 잘 되지 않기 때문에 엄청난 수압에서도 견딜 수 있는 것이다. 또한 심해에 사는 대부분의 무척추동물*들은 물고기의 부레와 같은 기관을 갖고 있지 않으므로, 수압이 높더라도 그다지 영향을 받지 않는다.

이제 우리는 잠수정을 타고 심해 바닥에 도착하였다. 심해의 신비로운 경치에 흠뻑 빠져 잠수정 밖으로 나와 구경하고 싶은 생각이 굴뚝같겠지만, 앞서 말했듯이 잠수정 밖은 어마어마한 수압이 내리누르고 있다. 만약 이런 곳에 사람이 들어간다면 엄청난

그림3
긴 꼬리를 세우고 바닥을 기어 다니는 심해긴꼬리해삼.

수압에 눌려 바로 죽고 말 것이다.

심해 바닥에 사는 생물은 많지 않아서 이들을 관찰하기란 쉽지 않은 일이다. 바다 밑 망간단괴가 널려 있는 퇴적물에는 여기저기 동물들이 파 놓은 구멍이나 기어간 흔적이 남아 있는데, 우리는 이것들을 보고 퇴적물 속에 사는 심해저 생물의 존재를 파악할 수 있다.

심해저 평원에서도 해면, 해삼, 불가사리, 성게, 갯지렁이 등을 볼 수 있으나, 얕은 바다에서 볼 수 있는 것들과는 모양과 크기가 다르다. 심해에서 발견되는 것들은 크기가 크고, 몸이 투명하거나 흰색이 많다. 그러나 가끔 화려한 색깔을 띠는 해삼도 발견된다.

심해 세계 탐험하기

사람들은 불과 150년 전만 해도 심해에는 어떠한 생물도 살고 있지 않을 거라고 생각했다. 빛이 없는 곳에서 생물이 살아간다는 것은 상상조차 할 수 없었기 때문이다. 박물학자인 에드워드 포브스의 생물 채집 결과가 이를 뒷받침해 주었다. 그는 2,500년 전 아리스토텔레스가 에게 해에서 관찰했던 해양 생물과 당시의 생물을 비교하는 실험을 하였는데, 생물 채집 과정에서 수심이 깊어질수록 동물의 종류와 수가 줄어드는 것을 발견했다. 포브스는 이러한 관찰 결과로 깊은 심해에는 동물이 살고 있지 않다고 생각하였다. 이와 같은 생각은 한동안 사람들의 지지를 받았으나, 1860년대에 해저에서 끌어올린 해저 케이블에 생물이 달라붙어 있는 것을 본 후 사람들의 생각은 달라지기 시작하였다.

그렇다면 그동안 사람들은 심해의 신비를 밝히기 위해 어떻게 탐험했을까? 심해를 대상으로 한 과학적인 조사는 영국의 챌린저호가 심해를 탐사한 것이 처음이었는데, 이 탐사를 통해 4,700종이 넘는 새로운 해양 생물이 발견되었다. 또한 1950~1952년에 있었던 덴마크의 갈라테아호 탐사 결과, 가장 깊은 마리아나 해구에도 말미잘과 해삼이 살고 있다는 것이 밝혀졌다.

그러나 이러한 심해 탐사는 사람이 직접 심해에 내려갔던 것은 아니었다. 그 뒤 배를 이용하지 않고 직접 심해로 들어가는 방법이 개발되면서 심해 생태계는 우리 눈앞에 그 모습을 드러내기 시작했다.

심해를 직접 탐사하기 위해서는 잠수 장비가 있어야 하는데, 현재 가장 유용하게 쓰이는 것이 심해 잠수정이다. 심해 탐사 초기만 해도 잠수정은 물속에서 자유롭게 활동할 수 없었다. 하지만 지금은 심해에서도 자유롭게 움직이면서 생물과 퇴적물을 채집할 수 있는 로봇팔과 촬영 장비 등을 갖춘 심해 유인·무인 잠수정이 개발되어 널리 이용되고 있다.

심해의 오아시스, 열수 분출공의 발견

갈라파고스 제도 부근에서 발견한 열수 분출공 주변 생태계는 생물학의 역사에서 기념비적인 곳이다. 1977년 과학자들은 앨빈호를 타고 화산 활동이 활발한 갈라파고스 동북쪽 해저 산맥의 균열 부분을 조사하던 중 열수 분출공을 발견하게 되었다. 섭씨 350도가 넘는 뜨거운 물이 솟아오르는 이곳 주변에는 길이가 2~3미터나 되는 관벌레를 비롯하여 수많은 갯지렁이류, 길이가 20~30센티미터에 달하는 하얀색의 이매패류*, 심해 홍합류, 수많은 권패류*와 삿갓조개류, 허리가 구부러진 새우, 눈이 먼 게, 달리아꽃을 닮은 해파리, 그리고 주변을 헤엄쳐 다니는 수많은 물고기들이 살

*이매패류 껍데기가 두 장인 조개류

*권패류 소라나 우렁이와 같이 껍데기가 하나로 둘둘 말린 고둥류

고 있었다.

열수 분출공은 사실 먹이가 부족한 심해에 위치한 데다 너무 뜨겁고 유독 가스로 넘쳐 나서 생물들이 살아가기엔 열악한 환경이다. 따라서 사막의 오아시스와 같은 열수 분출공의 발견은 커다란 의문을 불러일으켰다. 그 후 조사를 계속한 결과 열수 분출공 주변 생물들에 관한 수수께끼가 풀리게 되었다. 과연 열수 분출공의 비밀은 무엇일까?

빛이 없는 심해에서는 식물의 광합성 작용이 불가능하다. 따라서 생물이 살기 위해서는 식물 대신 영양 물질을 공급해 줄 다른 무엇인가가 필요하다. 이것이 바로 심해 미생물이다. 이들 미생물은 해저 화산 활동으로 뿜어져 나오는 황화수소를 이용하여 유기물을 만들어 내는데, 이것이 바로 광합성과 같은 역할을 하는 것이다. 열수 분출공 주변의 환경은 지구상에 생명체가 탄생하였던 원

그림4
심해의 오아시스인 열수 분출공. 아름답고도 신비한 또 하나의 비경이 펼쳐진다.

그림5
심해에서 발견된 관벌레(왼쪽)와 해삼.

시 지구의 환경과 비슷하기 때문에, 생명의 기원을 풀 수 있는 열쇠를 간직하고 있는 곳으로 평가된다. 그래서 많은 과학자들이 이곳의 환경과 생태계에 깊은 관심을 가지고 연구를 계속하고 있다.

지금까지 깊은 바다 속 기이하고도 신기한 생물들에 대해 알아보았다. 생물이 거의 살지 않는다고 생각했던 바다의 사막, 바다의 황무지 심해에 대한 연구가 진행되면서, 이곳에도 수많은 생물들이 살고 있음이 밝혀지게 되었다. 과학자들은 심해저에 살고 있는 생물들이 대략 1천만에서 많게는 1억 종에 이를 것으로 추정하고 있다. 이렇듯 심해저는 다양한 해양 생물이 살아가고 있는 또 하나의 보금자리이다. 너무나도 멋지고 아름다운 심해 생물들! 심해 탐사는 이제부터 시작이다. 우리의 무한한 호기심과 상상력만이 아직도 미지의 영역으로 남아 있는 심해 생태계의 비밀을 풀 수 있다.

지구의 기억을 간직한 심해의 퇴적층

무더운 여름철, 푹푹 찌는 더위를 피하기 위해 찾은 시원한 바다에서 바닷바람을 맞으며 해변을 걷고 있노라면 발 아래로 펼쳐진 자그마한 모래나 자갈, 고운 펄*을 볼 수 있다. 이것들은 주로 육지에 있던 암석들이 비바람에 풍화되고 침식되어, 비와 강물의 흐름을 타고 바다로 공급된 것들이다. 그럼 지구의 70퍼센트 이상을 덮고 있는 바다의 밑바닥은 어떻게 생겼을까?

    육지에서 멀리 떨어진 심해저는 육지와 가까운 바다와는 달리 퇴적물을 공급받을 만한 직접적인 연결 고리가 없다. 그러나 깊은 바다 밑바닥도 연근해와 마찬가지로 노출된 암반이나 모래, 펄과 같은 퇴적물로 뒤덮여 있다. 그렇다면 심해의 이 퇴적물은 도대체 어디서 온 것일까?

*펄 '개펄'의 준말. 갯가의 개흙이 깔린 벌판.

바람과 생물 잔해, 그리고 떠다니는 입자들

심해저에는 먼지와 같이 바람을 타고 비교적 멀리까지 운반될 수 있는 가볍고 작은 물질이나, 바닷물 속에 살고 있는 생물체들의 잔해, 그리고 바닷물 속에 녹아 있는 성분들로부터 형성된 물질들이 주로 퇴적된다.

바람이 많이 부는 봄철, 기나긴 추위에 웅크리고 있던 사람들은 따뜻한 볕을 즐기기 위해 밖으로 나선다. 그러나 봄철의 나들이에 가장 큰 걸림돌이 되는 것 가운데 하나가 바로 황사이다. 대륙의 중심부 사막 지대에서 발생하는 황사는 건조한 바람을 타고 수천 킬로미터에 이르는 거리를 날아와 호흡기 질환이나 피부 질환 등 여러 가지 질병을 일으키며 우리의 건강을 위협한다.

그러나 황사는 우리 몸에 영향을 미칠 뿐 아니라 심해의 퇴적 작용에도 큰 영향을 미친다. 모래바람 황사는 육지에서 멀리 떨어진 대양까지 날아가 바다 밑바닥에 침전되어 두꺼운 퇴적물을 형성하는 것이다. 이때 어떠한 크기의 퇴적물이 운반될지는 바람의 세기에 좌우된다. 보통 바람으로 유입되는 퇴적물은 눈에 보이지 않을 정도로 작은 점토 크기*의 입자들이 대부분인데, 그 양은 위도에 따라 차이는 있지만 전체 심해저 퇴적물의 약 10퍼센트 정도를 차지한다.

한편 생물체의 잔해가 쌓여서 이루어진 심해의 퇴적물을 가리

*점토 크기 크기가 0.002밀리미터보다 작은 미세한 크기의 입자 단위

그림1
2002년 4월 2일, 몽고 내륙 지방에서 발달한 황사가 강한 바람을 타고 우리나라와 일본을 거쳐 태평양 먼 바다까지 이동하였다. 이렇게 공급된 먼지들은 바다 밑바닥으로 가라앉아 두꺼운 퇴적층을 형성한다.

*탄산염 탄산의 수소 원자가 금속 원자로 치환되어 생긴 화합물

*규산염 이산화규소와 금속 화합물로 이루어진 화합물을 통틀어 이르는 말. 지각의 주성분을 이루고 있으며 유리, 시멘트, 도자기 등의 원료로 쓰인다.

*유공충 껍데기가 있는 원생동물. 대부분 바다에 살고 있으며, 대양의 바닥을 기어 다니는 '저서성'과 물 위를 떠다니는 '부유성'으로 나뉜다.

켜 '생물 기원 퇴적물'이라 한다. 이 생물 기원 퇴적물은 대부분 바닷물에 떠다니는 플랑크톤의 껍질로서, 심해저 퇴적물 가운데 가장 많은 부분을 차지한다. 바다 속 생물체가 죽으면 연한 부분은 부식되어 없어지고 딱딱한 껍질들만 남아 해저 퇴적물을 형성하는 것이다. 생물에 따라 차이는 있지만 생물체의 단단한 껍질은 주로 탄산염*이나 규산염*으로 이루어져 있다.

생물 기원 퇴적물 중 가장 비중이 큰 유공충*은 적도 부근이나 위도가 낮은 지역의 표층수에 많이 서식하는 단세포 동물로서, 탄산염 성분의 껍질을 가지고 있다. 그리고 규산염 성분의 껍질을 가지고 있는 대표적인 생물체로는 방산충*과 규조류* 등이 있다.

생물 기원 퇴적물은 그 지역에 살고 있는 생물의 종류와 수심에 따라 달라진다. 수심이 깊어질수록 온도가 낮아지고 압력이 증가하여 탄산염 광물의 용해도가 커진다. 따라서 일정한 깊이가 되면 공급되는 탄산염 광물이 모두 녹아 버리고 바닥에 쌓이지 않게 된다. 탄산염 광물이 모두 녹아 버리는 깊이는 보통 4천 미터이지만 지역에 따라 다르게 나타난다. 전 세계 심해저의 반가량은 이러한 탄산염 퇴적물로 덮여 있다.

바닷물 속에는 철, 망간, 나트륨 등 다양한 물질들이 녹아 있다. 이러한 성분들은 주변 환경에 따라 서로 결합하여 침전물을 형성하거나, 기존 퇴적물과 반응하여 새로운 물질로 만들어진다. 망간단괴도 바닷물 중의 철과 망간 이온이 결합하여 형성된 퇴적

*방산충 부유성 생활을 하는 원생동물. 공 모양의 단단한 껍데기 주위에 수많은 헛발이 실처럼 돋아나 있다.

*규조류 부유성 생활을 하는 단세포 식물. 민물과 바닷물에 널리 분포한다.

그림2
바다 속에 쌓여 있는 퇴적물은 다양한 시료 채취기를 이용하여 채취한다. 다중주상 시료 채취기로 채취한 퇴적물은 길이가 수십 센티미터밖에 되지 않지만 수만 년의 역사를 간직하고 있다.

그림3
시료 채취기로 채취한 퇴적물은 연구선에서 부시료를 채취한 뒤, 이후의 연구를 위해 냉장 보관하여 실험실로 옮긴다.

물 중 하나이다. 이렇게 형성된 침전물이 심해저 퇴적물에서 차지하는 비율은 매우 낮지만, 망간단괴와 같이 니켈과 코발트 등 유용 광물을 포함하고 있는 경우가 많아 경제적으로 매우 중요한 가치를 지니고 있다.

지구 역사의 수수께끼를 푸는 열쇠

깊은 바다 밑바닥에는 오랜 세월에 걸쳐 퇴적물이 하나 둘씩 쌓여 가면서 층을 이루고 있다. 그리고 이들은 서로 섞이지 않고 그대로 보존되어 있는 경우가 많아 지구의 역사를 연구하는 데 매우 중요하게 이용된다.

심해저에 퇴적물이 쌓이는 속도는 매우 느리다. 수 밀리미터가 쌓이는 데 약 1천 년이라는 세월이 필요할 정도이다. 즉 1미터 정도의 퇴적물 속에는 수십만 년이라는 세월이 축적되어 있는 것이다. 따라서 심해저 퇴적물은 과거의 기후나 환경 변화 등 지구의 역사를 밝혀내는 데 이만한 것이 없을 정도로 그 역할이 크다.

바람에 날려 이동한 퇴적물은 기후나 바람의 방향 등에 따라 그 양과 종류가 달라진다. 예를 들어 빙하기와 같이 건조한 기후가 유지된 시기에는 바람이 강해지기 때문에 육지의 침식 작용이 활발하고 바다에 공급되는 퇴적물의 양이 많아진다. 따라서 이러한 퇴적물을 연구하면 빙하기 시대의 환경을 더 자세히 이해할 수 있다. 또한 퇴적물에 화산재와 같은 화산의 흔적물이 포함되어 있는 경우에는 그 당시 육지에서 화산 활동이 있었음을 짐작할 수 있다.

이처럼 지구 환경의 변화는 모두 심해저 퇴적물에 기록되어 있다. 따라서 퍼즐을 풀어내듯 퇴적물 속에 감춰진 증거를 찾아내면 지구의 역사를 이해할 수 있다.

우리나라 광구에는 어떤 퇴적물이 있을까?

하와이에서 연구선을 타고 밤낮으로 꼬박 일주일을 달려야 다다를 수 있는 곳, 이곳이 바로 우리나라의 광구이다. 겉보기에는 주변의 바다와 무엇 하나 다를 것이 없다. 하지만 이곳 5천 미터 바닥에는 셀 수 없을 정도로 많은 망간단괴들이 깔려 있다. 그리고 끝없이 널려 있는 이 망간단괴들은 바로 우리의 것이다.

우리 광구는 육지에서 멀리 떨어져 있고, 생물체가 비교적 많이 살고 있는 적도 지역에서 약 10도 정도 북쪽에 위치하고 있기 때문에, 바람에 날아온 미세한 입자의 퇴적물이 바다 밑바닥에 쌓여 있다. 그리고 이 퇴적물에는 방산충이나 규조류 등의 잔해, 작은 크기의 망간단괴들이 일부 포함되기도 한다.

이곳에 쌓인 퇴적물을 연구하기 위해서는 먼저 퇴적물 채취

그림4
작은 생물들의 딱딱한 껍질들은 바다 밑바닥으로 떨어져 두꺼운 퇴적층을 형성한다. 탄산염 광물로 구성된 유공충은 적도 지방 심해 퇴적물에서 흔하게 관찰된다.

작업이 이루어져야 하는데, 우리나라의 연구선 온누리호에 장착된 장비들로 채취할 수 있는 퇴적물의 두께는 고작 수 미터 정도이다. 하지만 단 몇 미터일지라도 이들 퇴적물에는 수십, 수백만 년의 기록이 간직되어 있다.

2003년 우리나라에서는 광구 지역의 환경을 연구하기 위해 퇴적물 시료를 채취한 바 있다. 다중주상 시료 채취기를 이용하여 북위 16도 지점에서 328센티미터 길이의 퇴적물 시료를 채취한 것이다. 이 퇴적물에 포함되어 있는 작은 고기 이빨을 분석한 결과, 고작 328센티미터밖에 되지 않는 퇴적물의 가장 아래층이 약 1,500만 년 전에 쌓인 것임이 밝혀졌다. 또한 광물 성분을 분석한 결과, 250센티미터 하부에서는 남아메리카 대륙에서 날아온 퇴적물이, 상부에서는 아시아에서 날아온 퇴적물이 많음을 알아냈다. 이를 통해 전 지구적 기후 변화에 큰 영향을 미치는 '적도 수렴대'*의 과거 위치를 밝혀낼 수 있었다. 이는 심해저 퇴적물이 지구의 역사를 이해하는 데 매우 중요한 역할을 하고 있음을 잘 보여 주는 예이다.

*적도 수렴대 남동 무역풍과 북동 무역풍이 만나는 지역으로 그 위치는 대기 순환과 기후 변화에 큰 영향을 받는다.

깊은 바다 속, 물의 여행

바닷가에 쉬지 않고 밀려드는 파도와 바위에 부딪치는 하얀 거품들. 우리는 이것을 보고 바닷물이 끊임없이 움직인다는 것을 알 수 있다.

바다는 바람, 밀도, 기압, 해저 지진, 달의 인력 등 여러 작용에 의해 끊임없이 움직이는데, 이처럼 바닷물이 일정한 방향과 속도를 갖고 움직이는 것을 '해류(海流)'라고 한다. 그리고 해류에는 따뜻한 물인 '난류(暖流)'와 차가운 물인 '한류(寒流)'가 있다. 그럼 깊은 바다 속 심층수는 어떻게 움직일까?

1,600년의 시간 여행

해류의 움직임을 알기 위해서는 먼저 대기 대순환을 알아야 한다. '대기 대순환'이란 지구 전체에 걸쳐 공기가 순환하는 것으로, 위도에 따라 햇볕이 쬐이는 양이 다르기 때문에 발생한다. 적도 지방에서 햇볕을 많이 받아 뜨거워진 공기는 가벼우므로 위로 상승하여 차가운 고위도 쪽으로 이동하고, 극지방의 찬 공기는 무거우므로 아래쪽으로 하강하여 대기의 순환이 시작된다.

이와 같은 대기 대순환으로 공기가 움직이게 되면 바람이 발생하는데, 이 바람은 방향이 거의 바뀌지 않고 1년 내내 불어 바닷물을 움직이게 만든다. 이것이 바로 해류이다. 그리고 공기의 이동과 마찬가지로 찬물은 아래쪽으로 이동하고 더운물은 위쪽으로 이동하는 성질을 갖는데, 온도가 다른 물이 서로 섞이면서 바닷물이 이동해도 해류가 생긴다.

또한 지구의 자전도 해류에 영향을 미친다. 즉 지구가 자전하는 속도 때문에 바닷물이 쏠리며 이동하게 되어 해류가 생기는 것이다. 또 빛이 없는 깊은 바다 속 심층수도 지역에 따라 차이는 있지만 보통 시간이 지나면 표면으로

바다 덕분에 온도가 항상 일정하군!

깊은 바다 속, 물의 여행 169

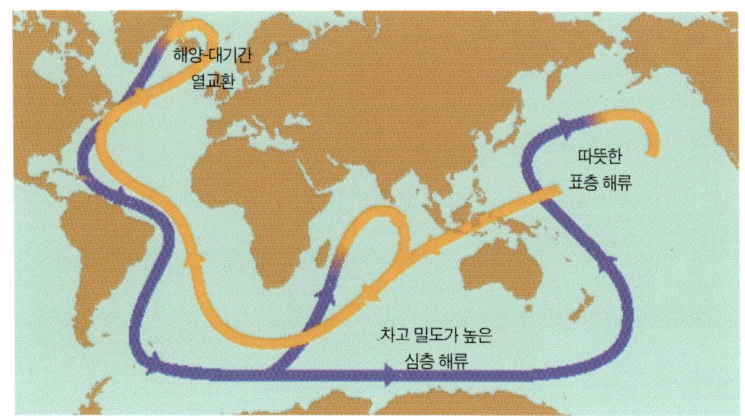

그림1
해저 심층수의 순환. 보라색 선이 심층수의 흐름을 나타내고 있다. [SEPM]

떠오르게 된다. 이 심층수가 표면으로 떠오르는 데는 약 200~300년이라는 기나긴 시간이 필요하다.

남극에서 형성된 찬 저층수는 대륙붕을 따라 깊은 해저로 가라앉아 북쪽으로 천천히 이동하는데, 이 중 일부는 대서양과 인도양으로, 그리고 나머지 일부는 가장 멀리 태평양까지 이동한다. 이때 남극의 저층수가 태평양에 도착하기까지는 약 1,600년이라는 세월이 걸린다.

이 밖에도 태평양 표층에는 다양한 종류의 해류가 흐르고 있다. 태평양 적도 부근에는 북적도 해류, 남적도 해류, 적도 반류*가 흐르고, 대륙 주변으로는 북태평양 해류, 동오스트레일리아 해류, 캘리포니아 해류, 알래스카 해류, 남극 순환류 등이 흐르고 있다. 이들 해류는 표층 해류로서 수심 400미터 이내에서 주로 이동한다.

*적도 반류(反流) 북위 3~10도 사이에서 적도를 따라 서쪽에서 동쪽으로 흐르는 해류. 적도 해류와는 반대 방향으로 흐른다.

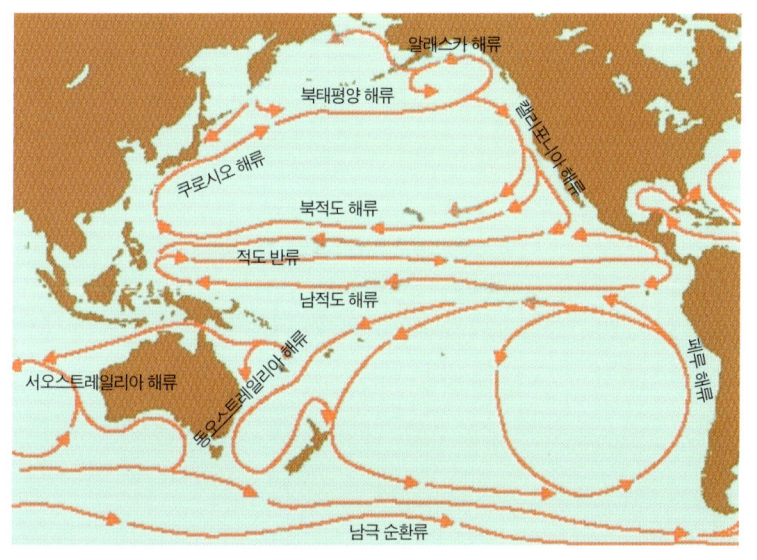

그림2
태평양에 분포하는 주요
표층 해류. [SEPM]

지구 표면의 71퍼센트를 차지하는 바다는 이러한 표층수와 심층수의 순환으로 지구 전체 온도를 조절하는 중요한 역할을 한다. 그러면 바다 표층의 수온이 변하면 지구 전체에는 어떠한 변화가 일어날까?

지구의 기후는 수온의 영향을 크게 받는다. 바닷물 수온이 1~2도만 달라져도 지구의 기후에는 커다란 변화가 생기는데, 그 한 예로 '엘니뇨'가 있다. 엘니뇨는 태평양의 차가운 페루 해류 속으로 이상 난류가 침입해 오는 현상이다. 즉 적도 쪽에서 북풍과 함께 평상시 평균 수온보다 높은 따뜻한 해류가 흘러드는 것이다. 엘니뇨가 발생하면 오징어는 떼죽음을 당하고, 정어리는 어디론가 사라져 버린다. 또한 육지에는 큰 홍수와 가뭄이 발생해 태평양 연안 나라들은 엄청난 피해를 입고 수많은 이재민들이 생기게 된다.

물속의 먹이사슬

지구에는 우리나라 주변의 동해, 서해, 남해를 포함하여 큰 대륙에 둘러싸인 태평양, 대서양, 인도양 등 크고 작은 바다가 있다. 그중 태평양은 지구 전체 바다 표면적의 50.1퍼센트를 차지한다. 이는 우리나라 동해보다 180배나 큰 넓이이다.

그렇다면 그 넓은 바다 속에는 무엇이 있을까? 바닷물 속에는 눈에 보이지 않는 작은 미생물부터 몸무게가 수십 톤이 넘는 고래에 이르기까지 다양한 생명체가 살고 있다. 그리고 바다에 살고 있는 수많은 생물들 중 가장 많은 것이 플랑크톤이다.

바다의 주연배우인 플랑크톤은 크게 식물플랑크톤과 동물플랑크톤으로 나뉜다. 식물플랑크톤은 태양의 빛과 바닷물 속의 이산화탄소, 영양염을 이용해서 자란다. 육지의 나무와 풀이 태양에너지와 물, 이산화탄소를 이용하여 광합성을 하듯이, 바닷물 속의 식물플랑크톤 역시 광합성을 한다. 또한 나무나 풀이 자라는 데 질소, 인과 같은 비료가 필요하듯이 식물플랑크톤도 영양분, 즉 영양염을 필요로 한다.

영양염은 동식물이 죽어서 유기물*로 분해되어 바다 밑에 가

*유기물 생물체의 구성 성분을 이루는 물질, 또는 생물에 의해 만들어지는 물질

라앉아 있는 것이다. 이 영양염이 해류의 작용으로 수면 위로 떠올라 식물플랑크톤의 영양소가 되고, 동물플랑크톤은 이 식물플랑크톤을 먹이로 하여 자란다. 동물플랑크톤은 다시 작은 물고기에게 잡아먹히고, 작은 물고기는 큰 물고기에게 잡아먹힌다. 그리고 이들이 수명을 다하여 죽게 되면 각종 미생물들이 물고기를 유기물로 분해해 버린다. 그 유기물이 바로 영양염인데, 이 영양염은 다시 식물플랑크톤의 영양소가 된다. 이처럼 바다 생물들도 육지의 생물체들처럼 먹고 먹히는 복잡한 먹이사슬을 이루고 있다.

지구 원소의 표본실

더운 여름날 바닷물에 들어가 해수욕을 즐기고 난 후 햇볕에 몸을 말리면 끈적끈적하고 하얀 가루 물질이 생기는 것을 볼 수 있다. 이것은 바닷물 속에 '염'이 녹아 있기 때문이다.

염은 물속에 이온* 상태로 녹아 있기 때문에 눈에 보이지 않지만 물이 증발하면 소금처럼 고체로 남게 되는데, 물에 녹아 있는 염의 농도를 가리켜 '염분'이라고 한다. 대부분의 바다에서 평균 염분비는 약 3.5퍼센트로, 바닷물 중 96.5퍼센트를 구성하는 물을 제외한 나머지이다. 즉 바닷물 1,000그램 중에 약 35그램의 염이 녹아 있는 셈이다. 그런데 염을 구성하는 물질 중 약 85퍼센트는

*이온 원자 또는 분자가 전자를 얻거나 잃거나 하여 음(-) 또는 양(+)의 전기를 띠는 것

소금(나트륨과 염소의 화합물)이며, 바닷물이 짠 것은 바로 이 때문이다.

이 밖에도 바닷물은 지구상에 존재하는 거의 모든 원소를 함유하고 있다. 금, 아연, 망간 같은 미량 원소들도 아주 적은 양(10억 분의 1그램)이긴 하지만 바닷물 속에 녹아 있다.

또한 바닷물에는 산소(36퍼센트), 질소(48퍼센트), 이산화탄소(15퍼센트)와 같은 기체도 녹아 있다. 물고기들이 아가미로 호흡을 하는 것은 물속에 녹아 있는 산소를 이용하기 때문이다. 그리고 앞서도 이야기했듯이 바닷물에는 영양염도 함유되어 있는데, 대표적인 무기 영양염으로는 질소, 인, 규소, 철 등을 들 수 있다. 태평양의 표층은 영양염(질소, 인)의 농도가 연안에 비해 아주 낮기 때문에 식물플랑크톤의 광합성 활동이 낮다. 이처럼 바닷물 속 성분들의 농도를 아는 것은 해양 환경을 이해하는 데 매우 중요하다.

물의 여행 따라가기

비나 눈이 되어 땅 위에 내린 물은 어디로 갈까? 땅 위에 내리는 물은 대부분 지표면 위의 강으로 흐르고, 일부는 땅속으로 스며들어 지하수가 된다. 그러나 이들은 결국 바다로 흘러가게 된다.

그럼 바다로 흘러간 물은 어떻게 될까? 땅 위에 내리는 물이 모두 바다로 흘러간다면 지구는 온통 바다로 덮여 있어야 하지 않을까? 또한 강물이 계속 흘러든다면 바닷물은 싱거워져야 하지 않을까? 오랜 세월 동안 바다로 흘러 들어간 강물은 과연 어떻게 된 것일까?

바닷물이 늘 일정한 상태를 유지할 수 있는 비결은 바로 물의 순환이다. 바다로 흘러간 물은 기온에 따라 일정하게 증발하여 구름이 되고, 이것은 다시 비가 되어 땅 위로 떨어진다. 이처럼 물은 증발하고 다시 비가 되어 바다로 흘러가는 순환을 반복하는데, 이와 같은 일이 되풀이되면서 바닷물은 오랜 세월 동안 일정한 상태를 유지하고 있는 것이다.

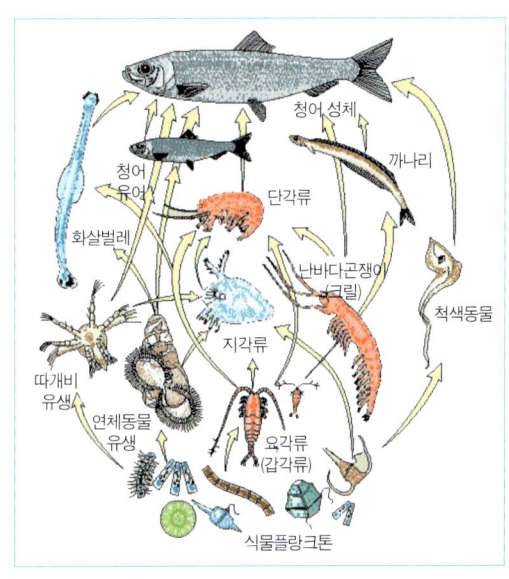

그림3
바다 속 먹이사슬의 한 예. [SEPM]

그렇다면 바다 속에 존재하는 많은 원소들은 어떻게 변할까? 물이 순환하는 것처럼 바닷물 속의 모든 원소들도 여러 형태로 변화하며 순환한다(생화학 순환계). 그리고 이러한 순환 과정은 바다 속에 살고 있는 다양한 생물들과 연관되어 있다.

바다 속 생물은 크게 생산자 역할을 하는 식물, 소비자 역할을 하는 동물(어류), 분해자 역할을 하는 미생물(박테리아)로 나뉜다. 바닷물 속에 있는 무기 물질*은 식물플랑크톤이나 해조류 등의 광

*무기 물질 탄소 이외의 원소만으로 이루어진 물질. 또는 탄소를 함유한 물질 중에서도 비교적 간단한 것을 통틀어 이르는 말

합성에 의해 유기 물질로 바뀌는데, 이것은 먹이사슬을 통해 다음 소비자에게 전달되며 일부는 호흡에 의해 다시 무기 물질로 전환된다. 그리고 나머지 일부 원소는 바다 밑에 가라앉아 쌓이기도 한다. 오랜 세월 동안 이러한 순환 과정을 거치면서 바닷물 속의 각 원소들은 일정한 비율과 평형을 유지하고 있는 것이다.

탄소의 여행 | 지구상의 생물체를 구성하는 100여 개의 화학 원소 중 탄소(C), 수소(H), 산소(O), 질소(N)가 약 99퍼센트를 차지한다. 특히 지구에 살고 있는 대부분의 생물들이 탄소 화합물을 영양분으로 삼고 있으며, 모든 생명체의 DNA*나 RNA*의 주성분도 탄소라는 점에서 탄소는 매우 중요한 원소이다.

탄소는 생명체를 구성하는 유기탄소와, 이산화탄소·석유·석탄과 같은 무기탄소로 나눌 수 있는데, 바닷물 속에는 아주 많은 양의 무기탄소(약 37조 톤)가 함유되어 있다. 그리고 식물플랑크톤은 이러한 무기탄소를 이용하여 광합성 작용을 하고, 그 결과 무기탄소는 유기탄소로 전환된다. 유기탄소로 전환된 탄소는 해양 생태계의 먹이 순환 과정을 거치면서 생물의 호흡과 미생물의 분해 작용에 의해 다시 바닷물 속으로 녹아들게 되고, 일부만 깊은 바다 속으로 떨어지게 된다. 또한 표층수의 무기탄소는 부유성 유공충과 같이 탄산칼슘의 껍질로도 전환되어 해저에 가라앉는다.

바다 속 탄소는 수면을 통해서 대기와 상호 교환을 하고, 해저

*DNA 핵산의 일종으로 유전 정보를 담은 화학물질. 1953년 제임스 왓슨과 프랜시스 크릭이 DNA의 구조를 밝혀 노벨상을 받았다.

*RNA 리보핵산이라고도 하며, DNA의 유전 정보를 전달하고 아미노산을 운반하는 역할을 한다.

바닥을 통해서는 퇴적층과 상호 교환을 한다. 이러한 상호작용을 통해 연간 해양과 대기 사이에서 약 1,000억 톤, 해양과 해저 퇴적층 사이에서 5억 톤 정도의 탄소가 교환되고 있는 것으로 알려져 있다. 이 중 해수면을 통한 이산화탄소의 교환은, 위도의 차이에 따라 이산화탄소가 서로 다르게 이동하면서 바다 전체적으로 균형을 유지한다. 즉 위도가 낮은 저위도 해역(열대 해역)에서는 이산화탄소를 많이 함유하고 있는 해양에서 대기로, 이와 반대로 고위도 해역에서는 대기에서 해양으로 이산화탄소가 이동한다. 이처럼 바다는 온실 효과의 원인이 되는 이산화탄소를 줄일 수 있는 해답을 갖고 있다.

질소의 여행 | 질소는 대기 중 약 78퍼센트를 차지하며 그 양이 3,900조 톤이 넘는다고 한다. 생태계에서 질소는 대기 중의 유리 질소를 비롯하여 암모니아, 요소, 단백질, 핵산 등 수많은 물질에 함유되어 있으나, 대부분 생물이 직접 이용할 수 없는 형태로 존재한다.

바다에 함유된 질소는 남조류와 같은 일부 미생물에 의해 생물이 화학적으로 이용할 수 있는 암모니아 형태로 전환되는데, 이 같은 과정을 가리켜 '질소 고정'이라 한다. 생산자인 식물플랑크톤은 광합성으로 생긴 탄수화물과 암모니아를 이용해 생명체에 필요한 단백질을 합성하며, 이렇게 만들어진 유기물은 먹이사슬을 통해 다음 소비자에게 전달된다. 또 질소는 생물의 호흡이나 분해자인 미생물에 의해 암모니아로 분해되어 다시 바닷물 속으로 순환되고, 일부는 더 깊이 가라앉아 퇴적된다. 질소가 산소와 결합하여 암모니아에서 질산으로 가는 과정을 '질화 작용'이라 하고, 반대로 질산이 산소를 잃고 암모니아로 변하여 결국 질소 가스가 되어 방출되는 것을 '탈질소 과정'이라 한다. 해수면에서는 연간 3,000만 톤의 질소 가스가 고정되어 대기에서 바다로 유입되고 있으며, 반대로 바다에서는 연간 1억 톤의 질소가 대기로 방출된다고 알려져 있다.

인의 여행 | 인은 핵산, 세포막 등을 구성하는 생물체의 주요 구성 성분이다. 하천이나 비를 통해 바다로 공급된 인은 표층에서 생산자(식물플랑크톤)에 의해 유기물로 전환되고, 먹이사슬을 통해 다음 소비자에게 전달된다. 또 일부는 입자 형태의 유기물로 바다 속을 떠다니는데, 이것이 미생물에 의해 분해되면 인산염 형태로 바닷물 속에 녹아 다시 재순환된다.

인의 순환 주기는 탄소나 질소보다 길며, 많은 양의 인산염이 해저에 퇴적되어 암석으로 변한다. 그리고 육지에서 암석의 풍화·침식 작용에 의해 퇴적되는 양만큼의 인산이 바다로 공급되어 지구 전체적으로 인의 분포가 균형을 유지하게 된다.

끝나지 않은 이야기

바다는 미래다

최근 원자재, 석유, 금속 가격이 급격하게 오르자 세계의 경제 전문가들은 크게 당황하였다. 원래의 예상과는 전혀 다른 방향으로 흐르고 있기 때문이다. 사실 전문가들은 니켈, 구리, 코발트를 비롯한 금속 가격은 꾸준히 안정되어 그 필요량이나 공급량에 큰 변화가 없을 것이라 예상하였다. 그러나 세계 시장에서 급격하게 부상하고 있는 중국과 인도가 원자재를 '싹쓸이' 수입하면서 아시아 지역에 물가 압박이 거세어지고 있다. 거기다 국제 원유 가격이 급등하고 고철과 구리 등의 원자재 가격도 폭등하는 등 예상과 달리 상황은 더욱 악화되고 있는 실정이다. 무엇보다도 이러한 불균형이 장기적으로 계속될 것으로 보여 더욱 심각한 문제가 되고 있다.

글로벌 경제 시대를 맞아 전 세계는 자원 확보를 위한 무한 경쟁에서 살아남기 위해 막대한 자본을 자원 개발에 투자하고 있다. 한 예로 일개 기업의 자원 개발 투자가 한 국가 전체 투자의 다섯 배에 이를 정도로 자원 확보에 사활을 걸고 있는 것이 지금의 국제 정세이다. 자원을 거의 전부 수입하고 있는 우리나라는 석유나 금속 가격이 급등할 때마다 국가 경제의 많은 부분을 걱정해야 하는 어려움을 갖고 있다.

석유와 같은 에너지 자원 외에 우리나라의 금속 광물자원 필요량은 2000년 약 50억 달러에서 2010년에는 수입액이 약 150억 달러에 이를 것으로 보인다. 이에 반해 국내에서 공급할 수 있는 자원의 양은 약 0.04퍼센트밖에 되지 않는다. 이는 2010년 이후 금속 광물자원은 완전 수입 단계에 이르게 되며, 국내 경제가 세계 자원 시장에 휘둘리게 됨을 뜻한다. 따라서 무엇보다도 해외 의존적인 성격에서 벗어나 스스로의 힘으로 광물자원을 확보할 수 있는 자주적 개발 전략으로 변화하는 것이 시급하다.

자원 공급이 얼마나 안정적으로 이루어지는가 하는 문제는 자원을 보유하고 있는 나라의 상황이나 이해관계에 따라 좌우되는 경향을 보인다. 자원을 보유한 나라가 정치·사회적으로 불안정한 상황이라면 자원 수급도 불안정해질 수밖에 없다. 또한 자원 보유국은 자선단체가 아니기에 자기들에게 좀 더 이익이 되는 조건을 찾아 자원을 공급한다. 이는 우리 뜻대로 생산·공급할 수 있는 독자적인 공급원을 확보하는 것이 우리나라의 경우 얼마나 중요한지를 말해 준다.

우리나라는 금속 광물자원의 공급원을 확보하기 위해 바다로 관심을 돌리고, 1990년대 초반부터 심해저 자원 개발을 추진해 왔다. 그 결과 현재 연간 수백만 톤의 망간단괴를 오랜 기간 채굴하여 사용할 수 있는 심해저 광구를 단독으로 보유하게 되었다. 이로써 국내에서 산업 발전에 필요한 주요 금속들의 상당량을 자급할 수 있는 토대를 이룸과 동시에 자원 빈곤국에서 벗어날 수 있는 길이 열리게 되었다. 이러한 노력의 결과는 자원이 절대 부족한 우리에게 여간 다행스러운 일이 아닐 수 없다.

선진국들은 1970년대부터 심해저 자원을 어떻게 하면 산업적으로 이용할 수 있을까 하는 연구를 꾸준히 계속해 왔다. 이러한 선진국들의 발 빠른 움직임은 무엇을 의미할까? 이는 뒤늦게 산업화에 참여한 후발 국가들이 급속하게 성장하면서 자원 경쟁이 더욱 치열해질 것이라는 판단 아래, 안정적이고 지속적인 자원 공급 창고를 찾아 육지에서 바다로 눈을 돌리고 있음을 뜻한다.

이러한 움직임은 산업화를 추진하고 있는 후발 국가들도 예외가 아니다. 특히 중국은 우리보다 풍부한 자원을 가지고 있음에도 우리나라와 비교할 수 없을 정도의 규모로 심해저 자원 개발에 힘을 기울이고 있다. 그리고 중국과 더불어 세계 시장에서 급속도로 발전하고 있는 인도 역시 국가적 차원의 연구·개발을 꾸준히 진행하여 심해 광물자원의 실용화 단계를 앞두고 있다.

이처럼 세계 각국에서는 심해저 광물자원 확보와 개발에 힘을 쏟고 있다. 이는 앞으로 10~15년 이내에 국가 간 갈등 요인으로 자원 문제가 대두될 것이며, 자원 확보 경쟁이 그 어느 때보다 치열해질 것임을 암시한다.

심해저 광물자원이 상업적으로 생산되는 단계에 들어가면 한 국가가 독자적으로 개발하는 형태에서 벗어나, 심해저 광구를 확보하고 있는 국가 간의 협력을 통한, 즉 컨소시엄의 형태로 추진될 것으로 예상된다. 이러한 컨소시엄에 참여하기 위해서는 자본이나 기술 중 어느 하나를 가지고 있어야 한다. 그러므로 우리나라도 선진국들과의 경쟁에 뒤처지지 않도록 일찌감치 기술력을 확보할 필요가 있다. 앞으로는 해양 자원을 얼마만큼 확보하고 있으며 개발에 필요한 기술을 어느 수준까지 보유하고 있는지가 국가 경쟁력을 말해 주는 시대가 될 것이다.

최근 많은 국제회의를 통해서 선진국들이 우리의 기술 수준에 주목하고 있음을 엿볼 수 있다. 한 예로 세계 제1의 해양 강국으로 손꼽히는 프랑스에서는 우리나라에 심해저 광물자원 공동 탐사를

공식적으로 제안하였다. 또 일본이나 인도의 경우 지금까지는 매우 소극적이었으나 이제 우리나라와의 공동 연구를 조심스레 제안하고 있다. 따라서 우리도 국내적인 시각에 머물러 있던 광구 확보 전략에서 벗어나 국제적인 태세에 맞춰 능동적으로 대처할 필요가 있다.

우리나라는 세계적으로 유명한 조선 강국이며, 또한 세계적 수준의 중공업 산업을 보유하고 있다. 그래서 중국 등 일부 국가에서는, 심해저 자원이 상업적으로 생산되는 단계에 이르렀을 때 우리나라가 그 어느 나라보다 앞서 갈 수 있는 충분한 경쟁력과 기반을 갖고 있다고 보고 우리의 기술 개발을 주목하고 있다.

앞으로 바다는 우리의 미래가 될 것이다. 그중에서도 심해저 자원 개발은 국가의 부를 이룰 수 있는 시금석이 될 것이며, 급변하는 자원 경쟁 시대에 안정적 산업 발전을 유도할 수 있는 안전장치가 될 것이다. 심해저 자원 개발을 국가 전략적으로 추진해야 할 이유가 바로 여기에 있다.